這一款！

y Me 的
大人手作服

伊藤みちよ

CONTENTS

細褶褲裙

p.22

綁帶上衣

p.24

燈籠袖上衣

p.25

寬鬆高領上衣

p.26

寬版上衣

p.27

傘狀連帽風衣
輕盈托特包

p.28

長版外套

p.30

圓領雙排釦外套

（短版・長版）

p.32

休閒家居服

（上衣＆窄管休閒褲）

p.34

燈籠袖上衣

袖口剪接搭配分量多的細褶設計。
袖口以鬆緊帶處理,簡單就能縫製完成。
身片前後不一的長度設計,
不論外拉、或加上內搭,整體比例都很好看。

{ *How To Make* *p.46* }

布地╱May Me洗練條紋布(海藍色)

船型領上衣

重疊肩線的船型領上衣。
恰到好處的領圍弧度，
疊合的肩線設計，穿著時也很舒適。
看似稍顯複雜的設計，
但只要對準肩線記號，就能簡單完成。

How To Make p.52

船型領連身裙

P.6上衣加長版的連身裙，
脇邊口袋設計，單穿就很好看。
多層次穿搭也百搭。

How To Make p.52

布料提供／安田商店

反摺袖上衣

搭配清爽運動休閒風非常適合。
反摺袖部分，日常使用很便利，
不是釦子，而採用直接縫製固定的設計。

{ *How To Make* **p.47** }

布地／May Me洗練條紋布（冰淇淋綠色）

蝴蝶結袖上衣

荷葉造型傘袖，袖口為鬆緊帶設計。
固定在上面的蝴蝶結，即使不綁也不會造成不便。
最適合想要增添點可愛女人味的造型。

{ *How To Make* **p.50** }

立領連身裙

素雅的立領連身裙。
腰繩設計不但可合身穿搭，
也可寬鬆自在。
或當成外套披著也很OK，
是非常百搭的款式。

How To Make *p.37*（附有彩色圖片縫製步驟）

素雅上衣&
寬褲SET

穿著舒適的百搭上衣。
褲子前片為褶襉設計，
後片使用大量布料，
不但可修飾下半身，穿起來也很舒適。
配合製作目的，選擇喜歡的布料，
製作出不論何時何地都可以穿搭的款式。

How To Make ***p.44***（上衣）、***p.54***（褲子）

圓領上衣

端莊感的立領，
搭配可愛的圓領設計，
簡單的上衣，
加上袖口的褶襉，
稍微添加一點蓬鬆感。

{ *How To Make* *p.56* }

布料提供／安田商店
穿搭造型／P.20雙面設計褶裙（不同色系）

荷葉袖上衣

柔軟寬鬆的傘狀荷葉袖，
飄逸袖口，讓手臂若隱若現，
更突顯女人味。
若內搭長袖上衣，
冬天也非常百搭。

How To Make p.48

布料提供／fabric bird

袖口布設計上衣

袖口加上細褶縮口,
縫製在寬袖口布上。
加上合身圓領的組合,
展現出典雅印象。

⟨ *How To Make* **p.51** ⟩

布料提供╱fabric bird
穿搭造型╱P.20雙面設計褶裙

深V領連身裙

直線條輪廓搭配深V領，
可愛的大口袋是設計重點。
搭配褲子或當成背心穿搭，
既時尚又好看。

{ *How To Make* **p.58** }

布料提供／fabric bird
穿搭造型／P.14圓領上衣

雙面設計褶裙

一邊是褶襉設計，一邊是細褶設計的雙面裙。
細褶側搭配鬆緊帶處理，展現輕鬆俏皮一面。
褶襉側沒有鬆緊帶，可增添正式感。
不論將哪一面當成正面，都可打造多元風貌。

❴ *How To Make* **p.60** ❵

褶襉　　　　　　　　細褶

細褶褲裙

連接的前後片股下設計，
不但製作簡單，穿起來也很舒適。
腰部鬆緊帶上側的荷葉波浪狀設計，
內搭上衣顯露的裙頭也很可愛。

{ How To Make p.62 }

布料提供／soleil

綁帶上衣

蝴蝶結綁帶的領口設計，搭配深開叉的上衣，
不論鬆開或綁起來都很好看。
落肩身片搭配寬鬆的袖子，
活動方便，穿著也很舒適。

{ *How To Make* *p.64* }

布料提供／Faux & Cachet Inc.

燈籠袖上衣

寬鬆袖口和袖口布設計，
搭配俏皮舒適的針織布料，
單穿就很時尚。
建議選擇不顯臃腫、觸感舒適的針織布料。

﹛ *How To Make* **p.66** ﹜

布料提供／maffon

寬鬆高領上衣

稍寬鬆的高領上衣
既保暖，穿起來也不會拘束，很舒服。
簡單的設計，是多層次穿搭好幫手。

{ *How To Make* *p.66* }

布料提供／Jack&Bean

寬版上衣

不用擔心肩寬不合身的落肩上衣。
版型雖寬鬆，穿起來卻很顯瘦。
不論搭配褲子或裙子都很適合。

{ How To Make p.74 }

布料提供／CHECK&STRIPE

傘狀連帽風衣

採用稍硬挺布料製作的連帽外套。
背面有褶襉設計，穿起來寬鬆又舒適。
最上面為裝飾釦，
實際上是以內層暗釦來固定。
季節變換時，也非常百搭。

{ *How To Make* **p.68** }

輕盈托特包

採用不易破損，
且非常輕盈的Tyvek素材來製作的托特包，
結合束口袋的開口設計，背繩也可調節。
還可以摺疊，攜帶非常便利，
最適合旅行時使用。

{ *How To Make* **p.78** }

布料提供／decollections（輕盈托特包）

長版外套

使用人造麂皮，
簡單製作就能完成的長版外套。
袖子剪裁可搭配貼邊，或直接使用布端，
縫製輕鬆，卻看起來很正式。
繩帶設計可以繞在釦子上固定，
或當作裝飾繩也很雅致。

{ *How To Make* **p.70** }

布料提供／神戶leather cloth

INTERNATIONAL
AIRPORT

圓領雙排釦外套

（短版‧長版）

不論內搭什麼款式都很好看的圓領雙排釦外套。
有短版‧長版兩種款式。
前身片有部分重疊，
穿起來很溫暖。

How To Make **p.72**

休閒家居服

（上衣＆窄管休閒褲）

讓人忍不住想要自誇的可愛家居服。
長版上衣可修飾身材，穿起來也很舒服。
窄管休閒褲，輪廓慢慢向下變窄，
適度的合身，行動起來也很方便。條紋綁帶看來成熟又可愛。

{ How To Make p.75 }

❴ 我的穿搭 ❵

以本書作品所規劃的穿搭企劃。
提供大家參考，建議選擇自己喜歡的布料製作或搭配。

p.14 圓領上衣 +

p.22 細褶褲裙

多分量細褶的褲裙，搭配簡單圓領上衣突顯簡潔感。褲裙和短靴之間，露出隱約可見的圖案襪子。短項鍊能讓人集中目光在上半身，更顯修長。

p.7 船型領連身裙

同P.7素面布製作的連身裙版型，改採用醒目的布料。簡單的設計搭配多樣化布料，讓人耳目一新。胸前別針很搶眼。腳上搭配高跟鞋或芭蕾鞋也很適合，在此特別選擇漆皮的綁帶鞋，展現中性風穿搭。

p.9 蝴蝶結袖上衣

精緻的LIBERTY印花布，搭配白色蝴蝶結，突顯女人味，外搭直條紋長褲，給人洗練印象。衣身前片較短，加上圓弧下襬，即使上衣塞入褲子內，也不擔心看起來臃腫。不喜歡太過甜美造型的你，請一定要試試喔！

p.30 長版外套

連帽休閒服×米白色丹寧褲，搭上長版外套。復古的麂皮風素材，休閒又高雅，整體感覺沉穩又端莊，「真的是自己手作的嗎？」讓人訝異的一款大衣。前襟不論開鈕眼，或使用鉤釦都OK，請依自己喜好挑戰看看。

製作立領連身裙

Photo p.10

●完成尺寸（S／M／L／LL）
胸圍101／104／110／116cm
身長100／103／109／110cm

●材料
棉質格紋布135cm×300cm
黏著襯50×100cm
直徑1.3cm鈕子10個

●原寸紙型4面【21】
1-前身片、2-後剪接片、3-後身片、
4-袖子、5-領子
●原寸紙型3面【15】共同口袋B
裁布圖

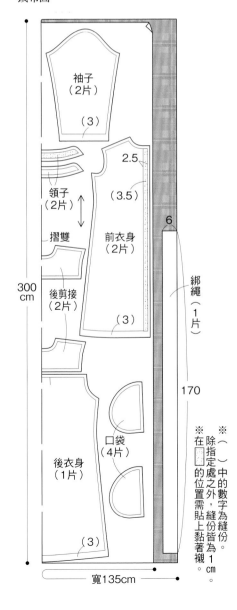

準備

其中一片領子的內側貼上黏著襯（貼上黏著襯的面為裡領）。

兩片前身片前端貼上黏著襯。

1. 製作領子

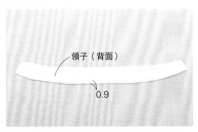

1 沒有貼上黏著襯的領子，領圍側摺疊0.9cm縫份。

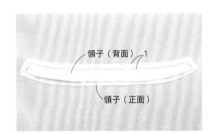

2 和另一片領片正面相對疊合，除領圍之外，於縫份1cm處進行車縫。

始縫和止縫處多車縫2針。

3 縫份統一剪成0.5cm。

2. 車縫前端

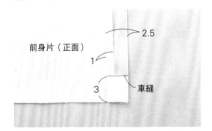

1 前端往裡側摺疊1cm後，再往正面摺疊2.5cm，下方車縫固定。

2 如圖所示裁剪多餘縫份。

3.後剪接和後身片縫合

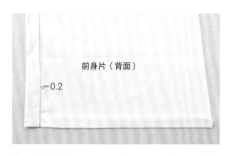

3 前端翻至正面整理，車縫0.2cm處。下襬依1→2cm寬度三摺邊後熨燙整理。

1 後身片上端記號至記號之間，車縫兩條粗針目縫線。

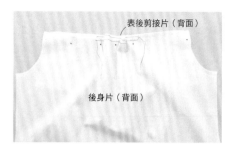

2 表後剪接片和後身片正面相對疊合，以珠針固定。

3 一起抽拉兩條下線，重疊表後剪接片，調整後片細褶寬度。

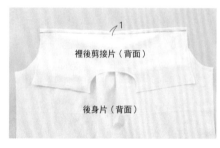

4 露出裡後剪接片重疊至後身片上側，於縫份1cm處進行車縫。

5 拆掉粗針目車縫線，表後剪接片、裡後剪接片翻至正面熨燙整理。邊端0.2cm處進行壓線車縫。

4.前身片和後身片縫合

1 表後剪接片和前片肩線正面相對疊合，注意要避開裡後剪接片。

2 縫份1cm處進行車縫。縫份倒向後剪接片。

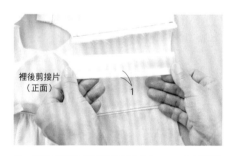

3 裡後剪接片肩線縫份摺疊1cm，重疊至前身片縫份。

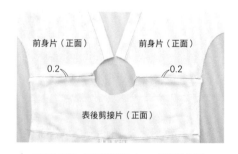

4 看著表側，兩肩邊端0.2cm處進行車縫。

5.接縫領子

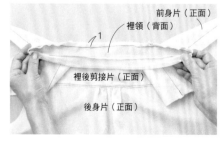

1 身片領圍內側重疊裡領，縫份1cm處進行車縫。

2 領子翻至正面熨燙整理。包夾縫份車縫一圈。

6.接縫袖子

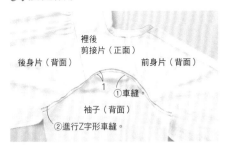

後身片（背面）　前身片（背面）
裡後
剪接片（正面）
①車縫。
袖子（背面）
②進行Z字形車縫。

1 身片和袖子正面相對疊合，縫份1cm處車縫。縫份兩片一起進行Z字形車縫後倒向衣身側。

表後
剪接片（正面）
前身片（正面）　　後身片（正面）
0.2
袖子（正面）

2 從正面進行壓線車縫。

7.接縫口袋

1
口袋口
前身片（背面）

1 前後身片正面相對疊合，露出口袋口，車縫袖下至脇邊的縫份1cm處。

前身片（背面）　　口袋（背面）

2 口袋與前身片的口袋縫份相疊合。

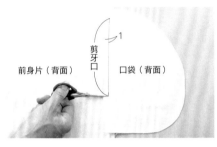

剪牙口
前身片（背面）　　口袋（背面）
1

3 口袋口縫份1cm處進行車縫（避開後身片縫份），口袋口上下剪牙口。

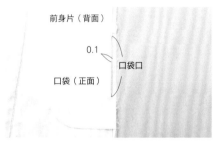

前身片（背面）
0.1
口袋（正面）　　口袋口

4 口袋翻至正面。口袋以外縫份一起翻至正面。前身片的縫份和口袋口壓線車縫。

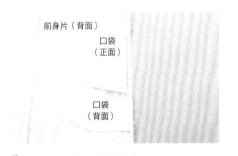

前身片（背面）
口袋（正面）
口袋（背面）

5 另一片口袋正面相對疊合。

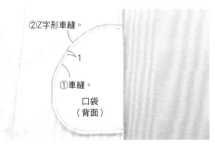

②Z字形車縫。
1
①車縫。
口袋（背面）

6 口袋周圍縫份1cm處進行車縫。縫份兩片一起進行Z字形車縫。

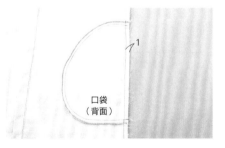

1
口袋（背面）

7 口袋上端至下端，縫份1cm處進行車縫。注意不要車縫到前身片口袋口。

8.車縫下襬

Z字形車縫　　3
剪牙口
3　剪牙口

8 看著袖口和下襬縫份，沿著袖下至脇邊進行Z字形車縫。袖口和下襬剪牙口後燙開縫份。另一側口袋以相同方法車縫。

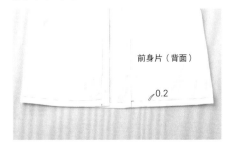

前身片（背面）
0.2

下襬依1→2cm寬度三摺邊後，於邊端0.2cm車縫。

9.車縫口袋

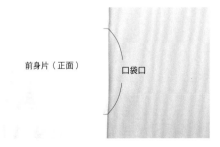

前身片（正面）　　口袋口

兩側口袋均倒向前身片，口袋口上下各車縫1cm固定。避開後身片。

39

10. 車縫袖口

袖口依1→2cm寬度三摺邊後，於邊端0.2cm進行車縫。

11. 製作綁繩

1 綁繩如M字型摺疊成四等份。

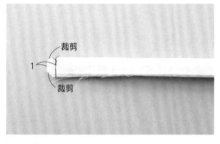

2 距邊端1cm處車縫，裁剪兩邊角，另一側依相同方法製作。

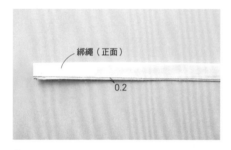

3 翻至正面熨燙整理。從下端0.2cm處進行車縫。

12. 製作釦眼

領子和右身片製作釦眼，開釦眼。（參照P.43）

13. 裝上釦子

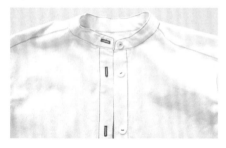

領子和左身片裝上釦子。

完成

推薦小道具

不織布紙型
柔軟不織布紙型不易破損、很牢固。即使以針固定也無須擔心破洞，可以重複使用。另外也不像紙張操作時會產生噪音，非常便利。100cm×150cm2片不織布紙型／Clover株式會社

使用相同身片紙型或通用的口袋布時，建議採用不易破損的紙型來製作。

HOW TO MAKE

- 本書刊載各作品S・M・L・LL尺寸（一部分除外），請參考P.42尺寸表和作品的完成尺寸進行選擇。
- 各作品的裁布圖設定為M尺寸。依據使用的布料、或尺寸不同會產生差異，請在裁剪前，一定要擺放紙型確認需要的分量。
- 直線部分未附紙型。參考裁布圖，描繪在布料上直接裁剪。
- 原寸紙型未含縫份。請參考裁布圖加上縫份。

製作作品之前的基本知識

● 關於尺寸

本書標示的基本尺寸請參考右圖的尺寸表。請搭配製作頁面的完成尺寸對照使用。

	S	M	L	LL
胸圍	79	83	89	95
腰圍	63	67	73	79
臀圍	86	90	96	102
身長	153至160		160至167	

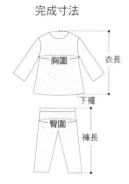

完成寸法

● 處理布料

參考製作頁面的材料，準備適合的布料。市面上購買的布料，若布紋歪斜，一旦縫製成成品後洗滌，容易收縮變形，必須整理布紋、浸水處理。若是羊毛、麂皮等特殊材質，請先向店家確認處理方法。

整理布紋

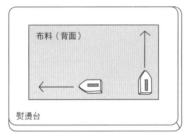

布料（背面）

熨燙台

● 縫針&縫線關係

布料種類	薄布料 （平紋織布・巴里紗）	普通布料 （粗棉布・牛津布）	厚布料 （羊毛布）
縫針	9號	11號	14號
縫線	90號	60號	30號

縫針是消耗品

車縫兩至三件作品後，縫針尖端會變得較鈍，影響成品的品質。常常更換縫針，是製作美麗衣服的關鍵之一。

縫針和縫線需配合布料選擇。針織布料請選擇針織布專用縫針和縫線。

● 布料使用量的決定方式

布寬110cm
=11cm

長度請先大約畫出

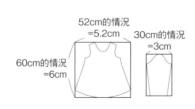

52cm的情況
=5.2cm

30cm的情況
=3cm

60cm的情況
=6cm

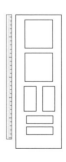

1 在紙張上描繪布寬的1/10寬度的四方形。

2 測量紙型長、寬其最長的部分，畫出1/10四方形。

3 將2的四方片數排列至1步驟內。測量長度，放大10倍左右就是大概要使用的分量。

● 紙型製作方法

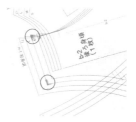   

1 紙型描繪之前請先將邊角作上記號。　*2* 紙型上重疊上透明描圖紙,仔細確認尺寸後描繪。　*3* 確認裁布圖的縫份寬度,以直尺沿完成線平行畫上縫份線。　*4* 沿縫份線裁剪。

● 紙型的記號

・完成線
作品完成線。

・摺雙
布料對摺的褶線即為摺雙線(左右形狀對稱)。

・細褶
抽拉製作細褶部分。

・布紋線
直布紋方向。

・貼邊
裁剪貼邊的線。

・褶襇
斜線由高往低的方向摺疊布料。

● 黏著襯黏貼方法

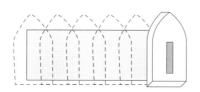

黏貼如果有空隙,會造成黏著襯脫落。熨燙時請盡量重疊貼合,並在冷卻之前不要移動。

● 關於釦眼

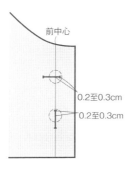

前中心

0.2至0.3cm

0.2至0.3cm

紙型上附有釦子縫製位置的記號。釦眼從釦子縫製位置的0.2至0.3cm右(上)處開始製作。

● 斜紋布條製作方法

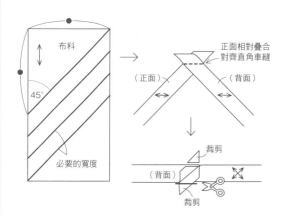

布料

45°

必要的寬度

正面相對疊合對齊直角車縫

(正面) (背面)

裁剪

(背面)

裁剪

和布紋呈45°裁剪的布條稱為斜紋布條,裁剪的布條依指定長度連接。

素雅上衣 { *Photo p.12* }

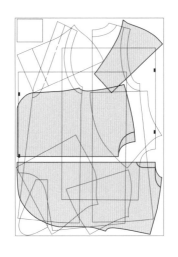

● 完成尺寸（free size）

衣長　68cm
胸圍　132cm

● 材料

斜紋布（黑色）…寬140cm×160cm

● 原寸紙型1面【3】

1-前身片
2-後身片
3-袖子

裁布圖

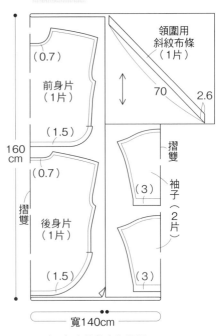

領圍用
斜紋布條
（1片）

70　2.6

前身片
（1片）

（0.7）

（1.5）

後身片
（1片）

（0.7）

（1.5）

摺雙

摺雙

袖子
（2片）

（3）

（3）

160
cm

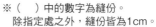

寬140cm

※（　）中的數字為縫份。
除指定處之外，縫份皆為1cm。

縫製順序

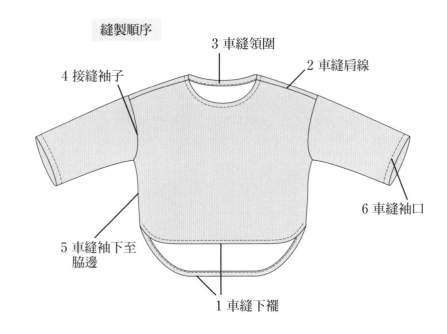

3 車縫領圍

2 車縫肩線

4 接縫袖子

6 車縫袖口

5 車縫袖下至
脇邊

1 車縫下襬

1 車縫下襬

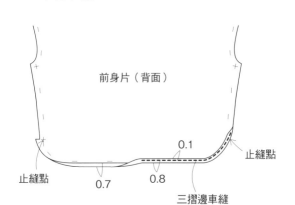

前身片（背面）

0.1

止縫點

止縫點

0.7　0.8

三摺邊車縫

2 車縫肩線

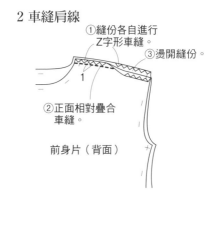

①縫份各自進行
Z字形車縫。

③燙開縫份。

1

②正面相對疊合
車縫。

前身片（背面）

44

3 車縫領圍

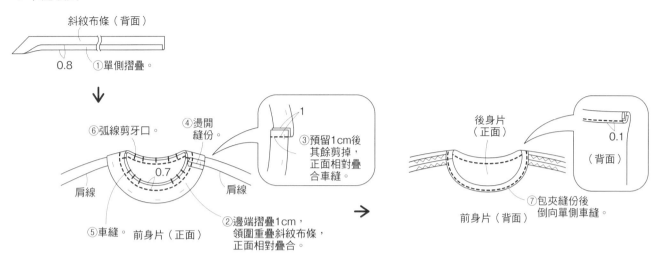

斜紋布條（背面）

0.8　①單側摺疊。

⑥弧線剪牙口。　④燙開縫份

③預留1cm後其餘剪掉，正面相對疊合車縫。

肩線　0.7　肩線

⑤車縫　前身片（正面）

②邊端摺疊1cm，領圍重疊斜紋布條，正面相對疊合。

後身片（正面）

0.1　（背面）

⑦包夾縫份後倒向單側車縫。

前身片（背面）

4 接縫袖子　5 車縫袖下至脇邊

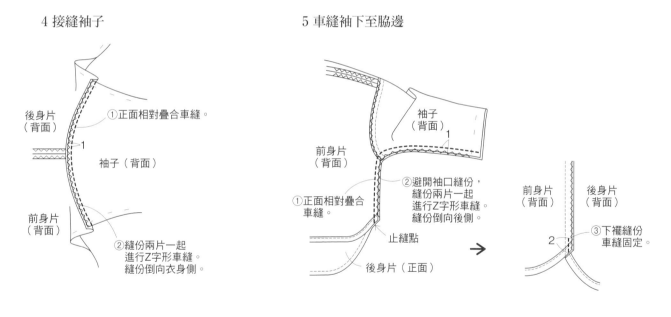

後身片（背面）

①正面相對疊合車縫。

袖子（背面）

②縫份兩片一起進行Z字形車縫。縫份倒向衣身側。

前身片（背面）

前身片（背面）

袖子（背面）

②避開袖口縫份，縫份兩片一起進行Z字形車縫。縫份倒向後側。

①正面相對疊合車縫。

止縫點

後身片（正面）

前身片（背面）　後身片（背面）

③下襬縫份車縫固定。

2

6 車縫袖口

袖子（背面）

前身片（背面）

①縫份剪牙口，燙開縫份。

袖子（背面）

0.1

1

2

②三摺邊車縫。

荷葉袖上衣 *{ Photo p.4 }*

● 完成尺寸（free size）
衣長　68cm
胸圍　132cm

● 材料
May Me洗練條紋布（海藍色）…寬145cm×180cm
寬0.6cm 鬆緊帶…25cm×2 條

● 原寸紙型1面【1】
1-前身片
2-後身片
3-袖子

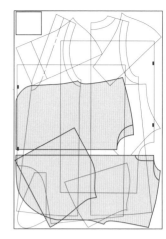

裁布圖

摺雙
（1.5）
前身片（1片）
（0.7）
（0.7）
後身片（1片）
（1.5）
2.6
35
領圍用斜紋布條（2片接縫）
（3）
袖子（2片）
（3）袖子

180cm
寬145cm

※（ ）中的數字為縫份。除指定處之外，縫份皆為1cm。

縫製順序

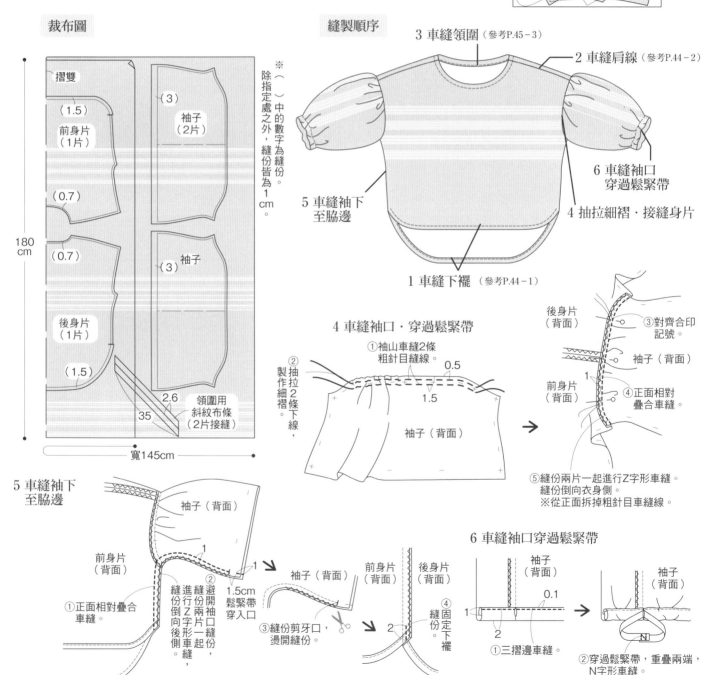

3 車縫領圍（參考P.45－3）
2 車縫肩線（參考P.44－2）
6 車縫袖口 穿過鬆緊帶
5 車縫袖下至脇邊
4 抽拉細褶・接縫身片
1 車縫下襬（參考P.44－1）

4 車縫袖口・穿過鬆緊帶

①袖山車縫2條粗針目縫線。
0.5
1.5
袖子（背面）
②抽拉2條下線，製作細褶。

後身片（背面）
袖子（背面）
前身片（背面）
③對齊合印記號。
④正面相對疊合車縫。
1

⑤縫份兩片一起進行Z字形車縫。縫份倒向衣身側。
※從正面拆掉粗針目車縫線。

5 車縫袖下至脇邊

袖子（背面）
前身片（背面）
①正面相對疊合車縫。
②進行Z字形車縫，縫份兩片一起，避開袖口縫份，縫份倒向後側。
1
1
1.5cm鬆緊帶穿入口

袖子（背面）
③縫份剪牙口，燙開縫份。

前身片（背面）
後身片（背面）
2
④固定下襬縫份。

6 車縫袖口穿過鬆緊帶

袖子（背面）
0.1
1
①三摺邊車縫。

袖子（背面）
N
②穿過鬆緊帶，重疊兩端，N字形車縫。

反摺袖上衣 ｛Photo p.8｝

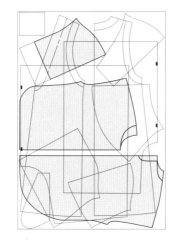

● 完成尺寸（free size）

衣長　68cm
胸圍　132cm

● 材料

May Me洗練條紋布（冰淇淋綠色）
…寬145cm×180cm
寬1.3cm釦子…2顆

● 原寸紙型1面【2】

1-前身片
2-後身片
3-袖子

裁布圖

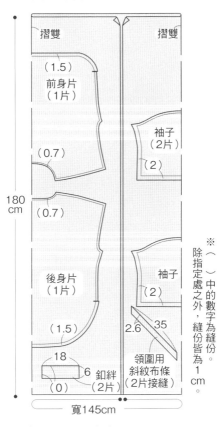

摺雙　　　摺雙

（1.5）
前身片
（1片）

（0.7）

袖子
（2片）
（2）

（0.7）

後身片
（1片）

袖子
（2）

（1.5）

2.6　　35

18
6　釦絆
（0）　（2片）

領圍用
斜紋布條
（2片接縫）

180
cm

寬145cm

※（　）中的數字為縫份。除指定處之外，縫份皆為1cm。

縫製順序

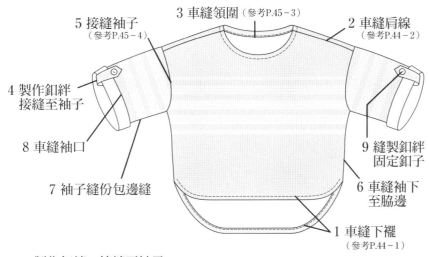

5 接縫袖子
（參考P.45-4）

3 車縫領圍（參考P.45-3）

2 車縫肩線
（參考P.44-2）

4 製作釦絆
接縫至袖子

8 車縫袖口

9 縫製釦絆
固定釦子

7 袖子縫份包邊縫

6 車縫袖下
至脇邊

1 車縫下襬
（參考P.44-1）

4 製作釦絆・接縫至袖子

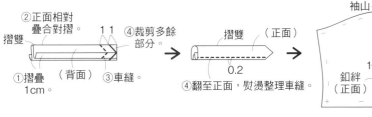

①摺疊1cm。
②正面相對疊合對摺。
③車縫。
④裁剪多餘部分。

④翻至正面，熨燙整理車縫。
摺雙
（正面）
0.2

袖山
袖子
（背面）
1
釦絆
（正面）
⑤車縫固定

6 車縫袖下至脇邊

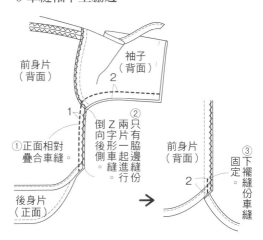

前身片
（背面）

袖子
（背面）
2

1

①正面相對疊合車縫。

②兩只片有脇邊縫份一起進行車縫。

倒向後側Z字形車縫

後身片
（正面）

前身片
（背面）
2

③固定下襬縫份車縫

7 袖子縫份包邊縫

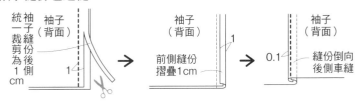

統一子縫份裁剪為1cm
袖子縫份後側
袖子（背面）
1
1

前側縫份摺疊1cm
袖子（背面）
1

0.1
縫份倒向後側車縫
袖子（背面）

8 車縫袖口

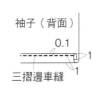

袖子（背面）
0.1
1
1
三摺邊車縫

9 縫製釦絆，固定釦子

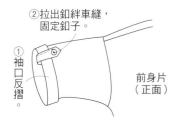

②拉出釦絆車縫，固定釦子

①袖口反摺

前身片
（正面）

荷葉袖上衣 {*Photo p.16*}

● 完成尺寸（free size）

衣長　68cm

胸圍　132cm

● 材料

棉麻布（冰淇淋綠色）…寬108cm×230cm

黏著襯…10cm×15cm

直徑1cm鈕子…1 顆

● 原寸紙型1面【5】

1-前身片

2-後身片

3-袖子

4-貼邊

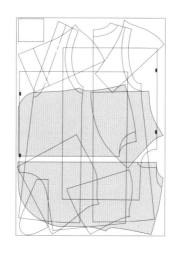

裁布圖

摺雙

230 cm

（2）袖子（2片）

（2）

（0.7）

前身片（1片）

（1.5）

（0.7）

後身片（1片）

（1.5）

（1貼片邊）

（0）

2 10

50

2.6

（1片）釦環布

斜領圍用紋布條（1片）

寬108cm

※（　）中的數字為縫份。
　除指定處之外，縫份皆為1cm。
※在 ▨ 的背面貼上黏著襯。

準備

貼邊貼上黏著襯

貼邊

縫製順序

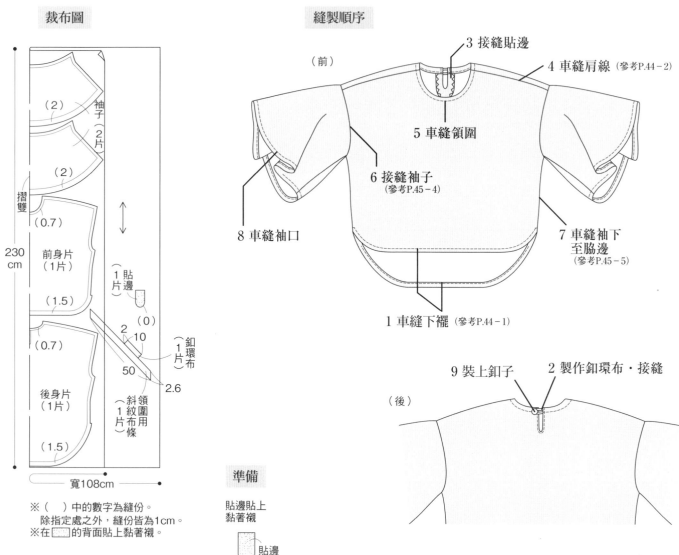

（前）

3 接縫貼邊

4 車縫肩線（參考P.44-2）

5 車縫領圍

6 接縫袖子（參考P.45-4）

8 車縫袖口

7 車縫袖下至脇邊（參考P.45-5）

1 車縫下襬（參考P.44-1）

9 裝上鈕子

2 製作鈕環布・接縫

（後）

2 製作釦環布・接縫

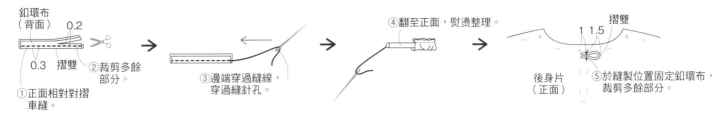

釦環布
（背面）　0.2

✂

0.3　摺雙　②裁剪多餘部分。

①正面相對對摺車縫。

③邊端穿過縫線，穿過縫針孔。

④翻至正面，熨燙整理。

摺雙
1 1.5

後身片（正面）

⑤於縫製位置固定釦環布，裁剪多餘部分。

3 接縫貼邊

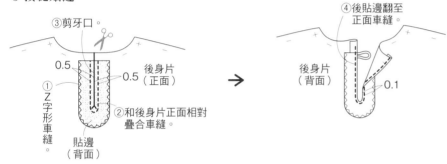

③剪牙口。

✂

0.5
0.5

①Z字形車縫

後身片（正面）

②和後身片正面相對疊合車縫。

貼邊（背面）

④後貼邊翻至正面車縫。

後身片（背面）

0.1

5 車縫領圍

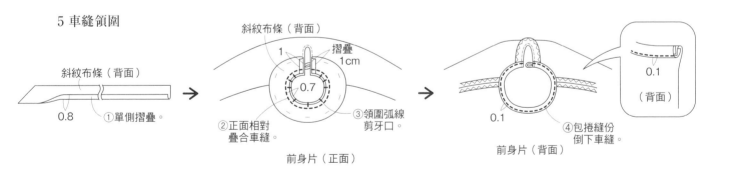

斜紋布條（背面）

0.8

①單側摺疊。

斜紋布條（背面）

1

摺疊1cm

0.7

②正面相對疊合車縫。

③領圍弧線剪牙口。

前身片（正面）

0.1

0.1

④包捲縫份倒下車縫。

前身片（背面）

（背面）

8 車縫袖口

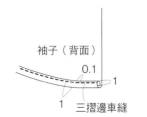

袖子（背面）

0.1

1

1　三摺邊車縫

9 裝上釦子

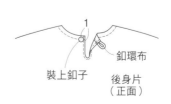

1

裝上釦子

釦環布

後身片（正面）

蝴蝶結袖上衣 ﹛Photo p.9﹜

● 完成尺寸（free size）

衣長　68cm

胸圍　132cm

● 材料

棉麻布（冰淇淋綠色）…寬110cm×200cm

接著襯…10cm×15cm

直徑1cm釦子…1顆

寬1cm沙典緞帶…30cm×2條

寬0.6cm鬆緊帶…25cm×2條（配合手腕尺寸調節）

● 原寸紙型1面【4】

1-前身片

2-後身片

3-袖子

4-貼邊

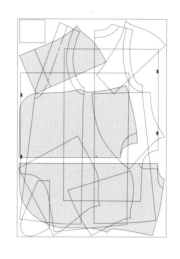

裁布圖

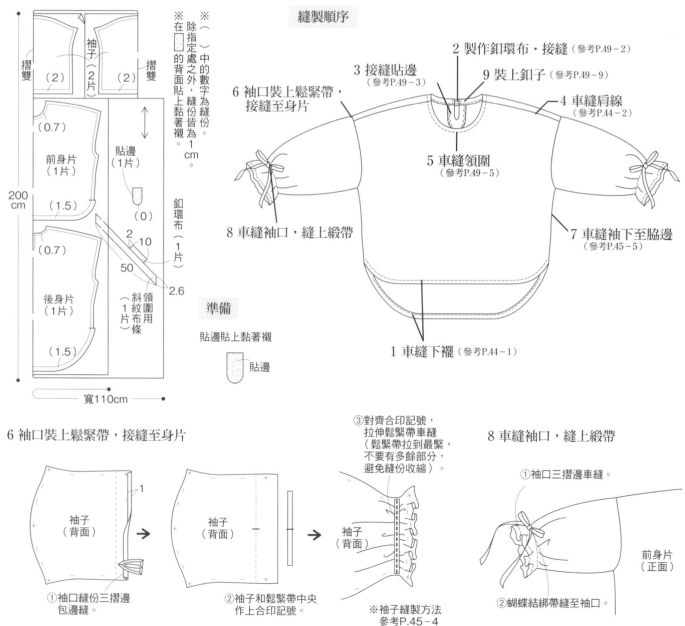

袖子（2）（2片）

（2）　　　（2）

（0.7）

前身片（1片）

（1.5）

200cm

（0.7）

後身片（1片）

（1.5）

貼邊（1片）

（0）

釦環布（1片）

2　10

50

2.6

斜紋布條（領圍用1片）

※（　）中的數字為縫份，縫份皆為1cm。

※在　　指定處之外，　　的背面貼上黏著襯。

寬110cm

準備

貼邊貼上黏著襯

貼邊

縫製順序

2 製作釦環布‧接縫（參考P.49-2）

3 接縫貼邊（參考P.49-3）

9 裝上釦子（參考P.49-9）

6 袖口裝上鬆緊帶，接縫至身片

4 車縫肩線（參考P.44-2）

5 車縫領圍（參考P.49-5）

7 車縫袖下至脇邊（參考P.45-5）

8 車縫袖口，縫上緞帶

1 車縫下襬（參考P.44-1）

6 袖口裝上鬆緊帶，接縫至身片

袖子（背面）　　1

①袖口縫份三摺邊包邊縫。

袖子（背面）

②袖子和鬆緊帶中央作上合印記號。

③對齊合印記號，拉伸鬆緊帶車縫（鬆緊帶拉到最緊，不要有多餘部分，避免縫份收縮）。

袖子（背面）

※袖子縫製方法參考P.45-4

8 車縫袖口，縫上緞帶

①袖口三摺邊車縫。

②蝴蝶結綁帶縫至袖口。

前身片（正面）

袖口布設計上衣 {Photo p.17}

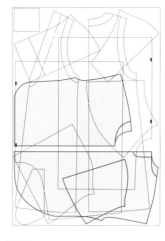

● 完成尺寸（free size）

衣長　68cm
胸圍　132cm

● 材料

棉麻布（米色）…寬110cm×200cm
黏著襯…60cm×20cm
直徑1cm釦子…1 顆

※只有此作品袖口布有分S／M／L／LL尺寸。

● 原寸紙型1面【6】

1-前身片
2-後身片
3-袖子
4-貼邊

裁布圖

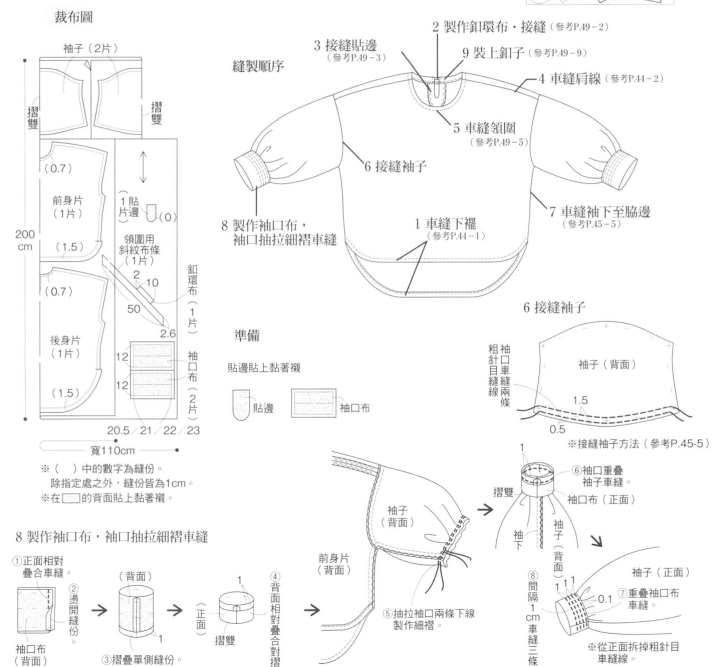

袖子（2片）

摺雙　　摺雙

（0.7）

前身片
（1片）

（1.5）

200
cm

（0.7）

後身片
（1片）

（1.5）

1 貼
片 邊

領圍用
斜紋布條
（1片）

2　10
50
2.6

釦環布
（1片）

袖口布
（2片）

12
12

20.5／21／22／23

寬110cm

※（ ）中的數字為縫份。
　除指定處之外，縫份皆為1cm。
※在 □ 的背面貼上黏著襯。

縫製順序

2 製作釦環布・接縫（參考P.49-2）
3 接縫貼邊（參考P.49-3）
9 裝上釦子（參考P.49-9）
4 車縫肩線（參考P.44-2）
5 車縫領圍（參考P.49-5）
6 接縫袖子
8 製作袖口布，袖口抽拉細褶車縫
1 車縫下襬（參考P.44-1）
7 車縫袖下至脇邊（參考P.45-5）

準備

貼邊貼上黏著襯

貼邊　　　袖口布

6 接縫袖子

袖子（背面）

粗針目縫線　袖口車縫兩條

1.5
0.5

※接縫袖子方法（參考P.45-5）

8 製作袖口布，袖口抽拉細褶車縫

①正面相對疊合車縫。
②燙開縫份。
③摺疊單側縫份。
④背面相對疊合對摺。

袖口布（背面）
（背面）
（正面）
摺雙
1
1

前身片（背面）
袖子（背面）
⑤抽拉袖口兩條下線製作細褶。

摺雙
袖下
袖子（背面）
⑥袖口重疊袖子車縫。
袖口布（正面）

⑧間隔1cm車縫三條。

袖子（正面）
袖口布（正面）
1 1
0.1
⑦重疊袖口布車縫。

※從正面拆掉粗針目車縫線。

51

船型領上衣・連身裙 {Photo p.6・7}

● 完成尺寸（S／M／L／LL SIZE）
上衣長度　53／54／56／57cm
連身裙長度　93／96／102／103cm
胸圍　92／95／101／107cm

● 材料
（上衣）
亞麻格紋布…寬135cm×160cm
（連身裙）
亞麻布…寬135cm×250cm

● 原寸紙型3面
【16】上衣
1-前身片
2-後身片
3-袖子
【17】連身裙
1-前身片
2-後身片
※後身片要連接使用
3-袖子
● 原寸紙型3面【15】
共同口袋B

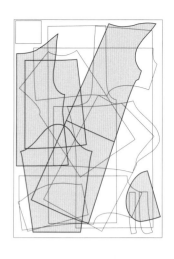

裁布圖

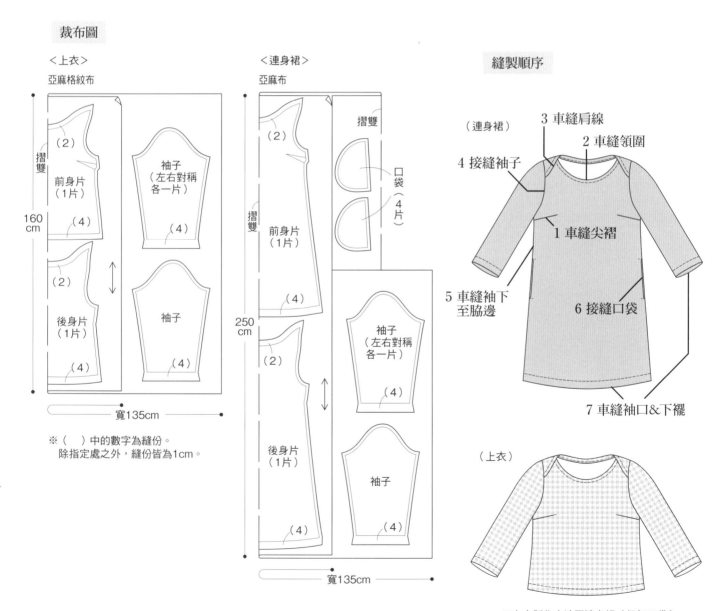

＜上衣＞
亞麻格紋布

摺雙

（2）
前身片
（1片）

160
cm

（4）

（2）

後身片
（1片）

（4）

寬135cm

袖子
（左右對稱
各一片）

（4）

袖子

（4）

※（　）中的數字為縫份。
　除指定處之外，縫份皆為1cm。

＜連身裙＞
亞麻布

摺雙

（2）

摺雙

前身片
（1片）

250
cm

（4）

（2）

後身片
（1片）

（4）

摺雙

口袋
（4片）

袖子
（左右對稱
各一片）

（4）

袖子

（4）

寬135cm

縫製順序

（連身裙）

3 車縫肩線
2 車縫領圍
4 接縫袖子
1 車縫尖褶
5 車縫袖下
至脇邊
6 接縫口袋
7 車縫袖口&下襬

（上衣）

※上衣製作方法同連身裙（但無口袋）

52

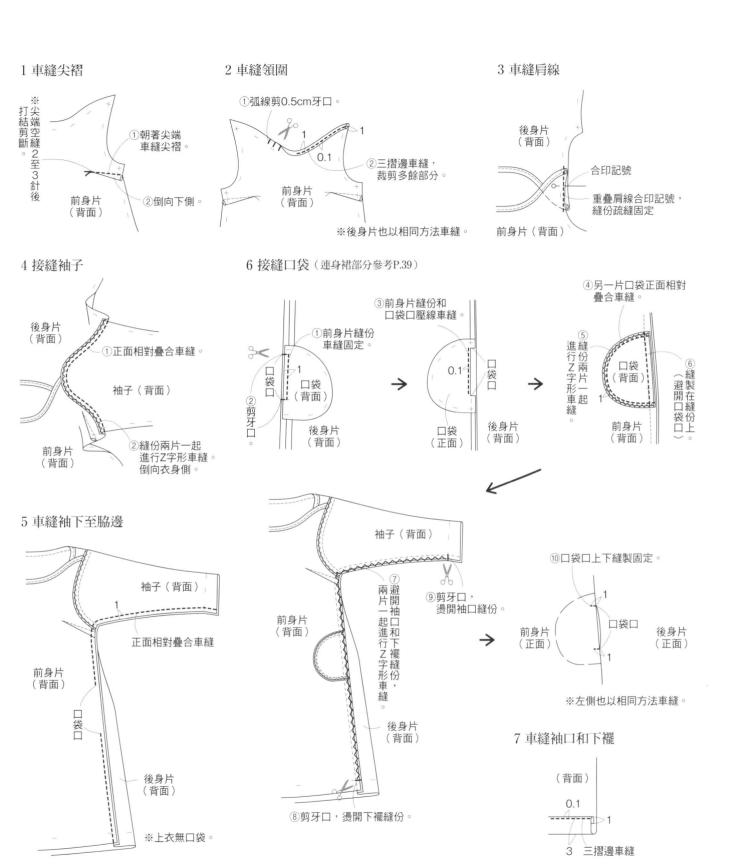

1 車縫尖褶

※打結剪斷尖端空縫2至3針後

①朝著尖端車縫尖褶。

②倒向下側。

前身片（背面）

2 車縫領圍

①弧線剪0.5cm牙口。

1

0.1

1

②三摺邊車縫，裁剪多餘部分。

前身片（背面）

※後身片也以相同方法車縫。

3 車縫肩線

後身片（背面）

合印記號

重疊肩線合印記號，縫份疏縫固定

前身片（背面）

4 接縫袖子

後身片（背面）

①正面相對疊合車縫。

袖子（背面）

②縫份兩片一起進行Z字形車縫。倒向衣身側。

前身片（背面）

6 接縫口袋（連身裙部分參考P.39）

①前身片縫份車縫固定。

②剪牙口。

口袋

口袋（背面）

後身片（背面）

1

③前身片縫份和口袋口壓線車縫。

0.1

口袋口

口袋（正面）

後身片（背面）

1

④另一片口袋正面相對疊合車縫。

⑤縫份兩片一起進行Z字形車縫。

口袋（背面）

⑥縫製在縫份上。（避開口袋口）

口袋口

前身片（背面）

1

5 車縫袖下至脇邊

袖子（背面）

1

正面相對疊合車縫

前身片（背面）

口袋口

後身片（背面）

※上衣無口袋。

袖子（背面）

前身片（背面）

⑦兩片一起進行Z字形車縫，避開袖口和下襬縫份。

後身片（背面）

⑧剪牙口，燙開下襬縫份。

⑨剪牙口，燙開袖口縫份。

⑩口袋口上下縫製固定。

前身片（正面）

口袋口

後身片（正面）

1

1

※左側也以相同方法車縫。

7 車縫袖口和下襬

（背面）

0.1

1

3 三摺邊車縫

寬褲 ｛Photo p.12｝

● 完成尺寸（S／M／L／LL SIZE）
褲長　93／95／99／100cm

● 材料
May Me洗練條紋布（黑色）…寬140cm×240cm
寬0.6cm鬆緊帶…70cm×2條
（配合腰圍調節尺寸）

● 原寸紙型3面【18】
1-前褲管
2-後褲管
● 原寸紙型1面【9】
共同口袋A

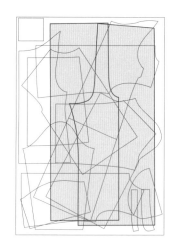

裁布圖

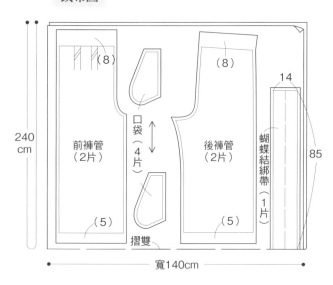

（8）　（8）
14
前褲管（2片）　口袋（4片）　後褲管（2片）　蝴蝶結綁帶（1片）
240 cm　85
（5）　（5）
摺雙
寬140cm

縫製順序

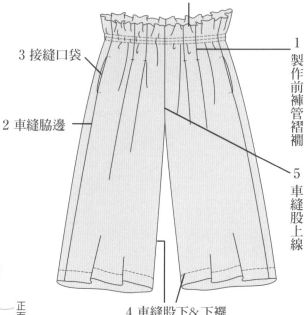

6 穿過鬆緊帶，車縫腰圍
3 接縫口袋
2 車縫脇邊
1 製作前褲管褶襇
5 車縫股上線
4 車縫股下＆下襬
7 製作蝴蝶結綁帶

1 製作前褲管褶襇

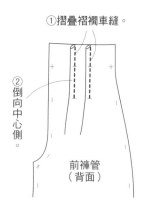

①摺疊褶襇車縫。
②倒向中心側。
前褲管（背面）

2 車縫脇邊

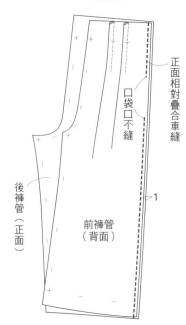

正面相對疊合車縫
口袋口不縫
後褲管（正面）
前褲管（背面）
1

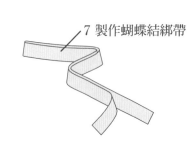

54

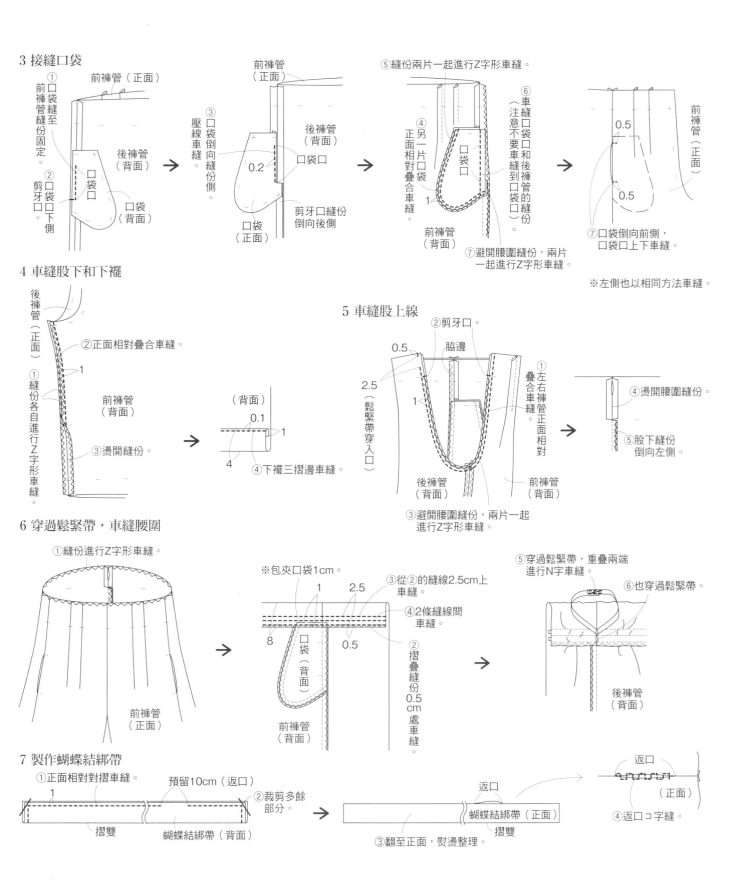

3 接縫口袋

①前褲管縫至前褲管縫份固定。

②剪牙口。

口袋縫至口袋口下側

口袋口

口袋口

前褲管（正面）

後褲管（背面）

口袋（背面）

口袋（正面）

③口袋倒向縫份側，壓線車縫。

前褲管（正面）

0.2

後褲管（背面）

口袋口

口袋（正面）

剪牙口縫份倒向後側

⑤縫份兩片一起進行Z字形車縫。

④另一片口袋正面相對疊合車縫。

⑥車縫口袋口和後褲管的縫份（注意不要車縫到口袋口）。

口袋口

前褲管（背面）

⑦避開腰圍縫份，兩片一起進行Z字形車縫。

0.5

前褲管（正面）

0.5

⑦口袋倒向前側，口袋口上下車縫。

※左側也以相同方法車縫。

4 車縫股下和下襬

後褲管（正面）

②正面相對疊合車縫。

1

①縫份各自進行Z字形車縫。

前褲管（背面）

③燙開縫份。

（背面）

0.1

1

4

④下襬三摺邊車縫。

5 車縫股上線

②剪牙口。

0.5

脇邊

2.5

1

（鬆緊帶穿入口）

③避開腰圍縫份，兩片一起進行Z字形車縫。

後褲管（背面）

①左右褲管正面相對疊合車縫。

前褲管（背面）

④燙開腰圍縫份。

⑤股下縫份倒向左側。

6 穿過鬆緊帶，車縫腰圍

①縫份進行Z字形車縫。

前褲管（正面）

※包夾口袋1cm。

1   2.5

③從②的縫線2.5cm上車縫。

④2條縫線間車縫。

8   0.5

②摺疊縫份0.5cm處車縫。

口袋（背面）

前褲管（背面）

⑤穿過鬆緊帶，重疊兩端進行N字車縫。

⑥也穿過鬆緊帶。

後褲管（背面）

7 製作蝴蝶結綁帶

①正面相對對摺車縫。

預留10cm（返口）

1

②裁剪多餘部分。

摺雙

蝴蝶結綁帶（背面）

返口

蝴蝶結綁帶（正面）

③翻至正面，熨燙整理。

摺雙

返口

（正面）

④返口ㄈ字縫。

圓領上衣 {Photo p.14}

●完成尺寸（S／M／L／LL SIZE）
衣長　61／62／64／65cm
胸圍　89／92／98／104cm

●材料
亞麻布（白色）…寬110cm×190cm
接著襯…90cm×50cm
直徑1.2cm釦子…1顆

●原寸紙型3面【19】
1-前身片
2-後身片
3-袖子
4-領台
5-領子

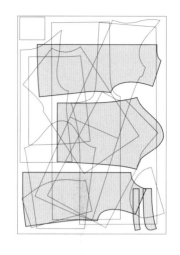

裁布圖

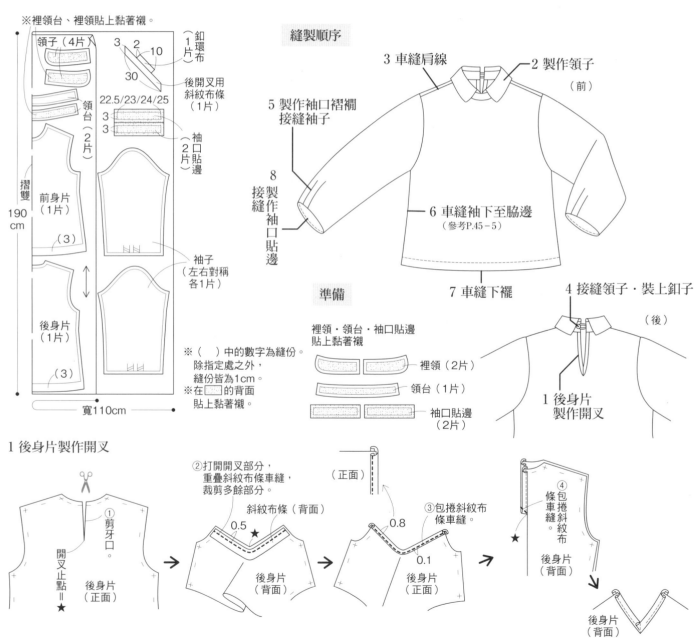

※裡領台、裡領貼上黏著襯。

領子（4片）
3　2　10
30
釦環布（1片）
後開叉用斜紋布條（1片）
22.5／23／24／25
領台（2片）
3
3
袖口貼邊（2片）
摺雙
190cm
前身片（1片）
（3）
袖子（左右對稱各1片）
後身片（1片）
（3）
寬110cm

※（　）中的數字為縫份。
除指定處之外，
縫份皆為1cm。
※在□□的背面
貼上黏著襯。

縫製順序

3 車縫肩線
2 製作領子
（前）

5 製作袖口褶襉
接縫袖子

8 接縫製作袖口貼邊

6 車縫袖下至脇邊
（參考P.45－5）

7 車縫下襬

4 接縫領子・裝上釦子
（後）

1 後身片製作開叉

準備

裡領・領台・袖口貼邊
貼上黏著襯

裡領（2片）
領台（1片）
袖口貼邊（2片）

1 後身片製作開叉

①剪牙口。
開叉止點＝★

②打開開叉部分，
重疊斜紋布條車縫，
裁剪多餘部分。
斜紋布條（背面）
0.5
★
後身片（正面）

（正面）

③包捲斜紋布條車縫。
0.8
0.1
後身片（正面）

④包捲斜紋布條車縫。
★
後身片（背面）

後身片（背面）

2 製作領子

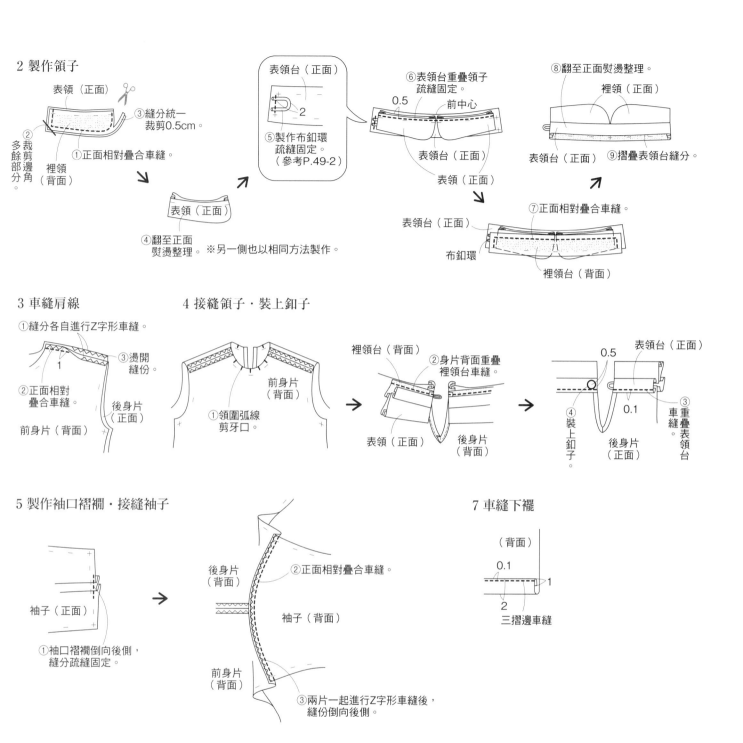

表領（正面）
②裁剪邊角多餘部分
裡領（背面）
①正面相對疊合車縫。
③縫分統一裁剪0.5cm。
④翻至正面熨燙整理。 ※另一側也以相同方法製作。

表領台（正面）
2
⑤製作布釦環疏縫固定。（參考P.49-2）

⑥表領台重疊領子疏縫固定。
0.5
前中心
表領台（正面）
表領（正面）

⑦正面相對疊合車縫。
表領台（正面）
布釦環
裡領台（背面）

⑧翻至正面熨燙整理。
裡領（正面）
表領台（正面）
⑨摺疊表領台縫分。

3 車縫肩線

①縫分各自進行Z字形車縫。
1
②正面相對疊合車縫。
③燙開縫份。
前身片（背面）
後身片（正面）

4 接縫領子・裝上釦子

前身片（背面）
①領圍弧線剪牙口。

裡領台（背面）
②身片背面重疊裡領台車縫。
表領（正面）
後身片（背面）

0.5
表領台（正面）
④裝上釦子。
0.1
③重疊表領台車縫。
後身片（正面）

5 製作袖口褶襉・接縫袖子

袖子（正面）
①袖口褶襉倒向後側，縫分疏縫固定。

後身片（背面）
②正面相對疊合車縫。
袖子（背面）
前身片（背面）
③兩片一起進行Z字形車縫後，縫份倒向後側。

7 車縫下襬

（背面）
0.1
1
2
三摺邊車縫

8 車縫袖下至脇邊

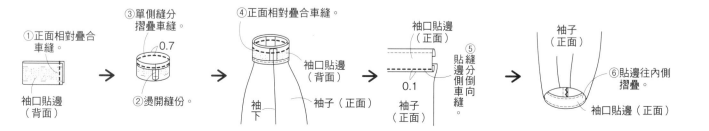

①正面相對疊合車縫。
袖口貼邊（背面）

③單側縫分摺疊車縫。
0.7
②燙開縫份。

④正面相對疊合車縫。
袖口貼邊（背面）
袖下
袖子（正面）

袖口貼邊（正面）
0.1
袖子（正面）
⑤縫份倒向貼邊側車縫。

袖子（正面）
⑥貼邊往內側摺疊。
袖口貼邊（正面）

深V領連身裙 ﹛Photo p.18﹜

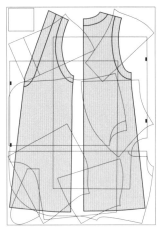

●完成尺寸（S／M／L／LL SIZE）
衣長　90／93／98／99cm
胸圍　92／95／101／107cm

●材料
棉麻羊毛斜紋布（卡其色）…寬110cm×220cm
黏著襯…寬90cm×50cm

●原寸紙型1面【7】
1-前身片
2-前貼邊
3-前袖貼邊
4-後身片
5-後貼邊
6-後袖貼邊

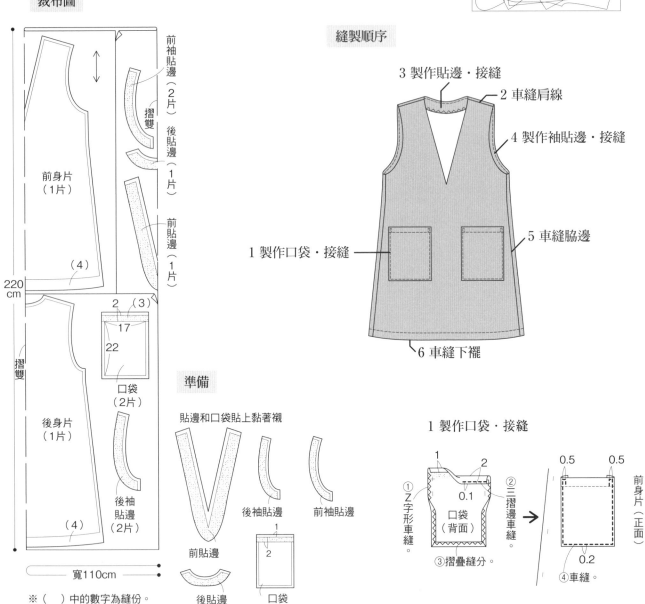

裁布圖

前袖貼邊（2片）
後貼邊（1片）
前貼邊（1片）
摺雙

前身片（1片）
（4）

220cm

摺雙

後身片（1片）
（4）

後袖貼邊（2片）

寬110cm

2　（3）
17
22
口袋（2片）
1
2
口袋

※（ ）中的數字為縫份。
　除指定處之外，縫份皆為1cm。
※在▨的背面貼上黏著襯。

縫製順序

3 製作貼邊・接縫
2 車縫肩線
4 製作袖貼邊・接縫
1 製作口袋・接縫
5 車縫脇邊
6 車縫下襬

準備

貼邊和口袋貼上黏著襯

前貼邊
後貼邊
後袖貼邊
前袖貼邊
口袋

1 製作口袋・接縫

1　2
0.1
①Z字形車縫。
口袋（背面）
③摺疊縫分。
②三摺邊車縫。

0.5　0.5
前身片（正面）
0.2
④車縫。

58

2車縫肩線

①縫分各自進行Z字形車縫。
②正面相對疊合車縫。
1
前身片（背面）

→

③燙開縫份。
（背面）

3製作貼邊‧接縫

後貼邊（背面）
①正面相對疊合車縫。
②燙開縫份。
前貼邊（背面）
③Z字形車縫。
1

→

④正面相對疊合車縫。
⑤弧線剪牙口。
前貼邊（背面）
1
⑥剪牙口
前中心
前身片（正面）

↓

貼邊（正面）
⑦車縫。縫分倒向貼邊側
0.1
身片（正面）

↓

⑧貼邊翻至正面，熨燙整理。
⑨固定至肩線縫分。
（正面）前貼邊
前身片（背面）

4 製作袖貼邊‧接縫

後袖貼邊（背面）
①正面相對疊合車縫，燙開縫份。
②Z字形車縫。
前袖貼邊（背面）

→

④弧線剪牙口。
前袖貼邊（背面）
前身片（正面）
③正面相對疊合車縫。

→ 接下來同 3-⑦⑧

5 車縫脇邊

前袖貼邊（背面）
2
②剪牙口。
前身片（背面）
③縫份兩片一起進行Z字形車縫。
①正面相對疊合，車縫至貼邊。
②剪牙口。
後身片（正面）

→

⑥貼邊翻至正面，熨燙整理。
⑦固定至脇邊縫份。
前身片（背面）
④燙開縫份。
⑤燙開縫份。

6 車縫下襬

（背面）
0.1
1
3
三摺邊車縫

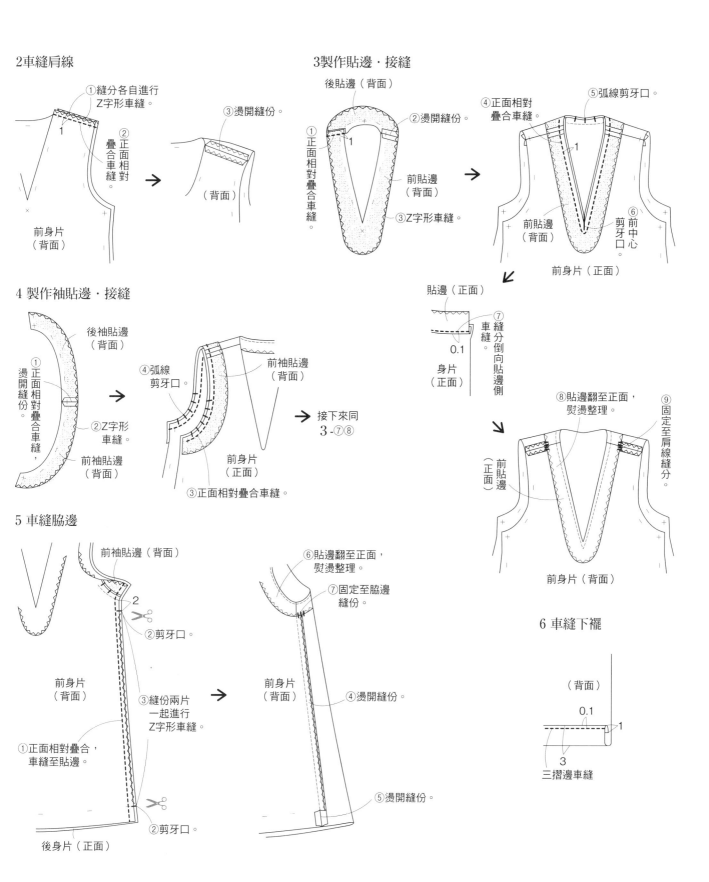

雙面設計褶裙 ⟨Photo p.20⟩

● 完成尺寸（free size）

裙長　77cm

● 材料

寬幅棉布…寬150cm×170cm
寬2cm鬆緊帶…50cm（配合腰圍調節尺寸）

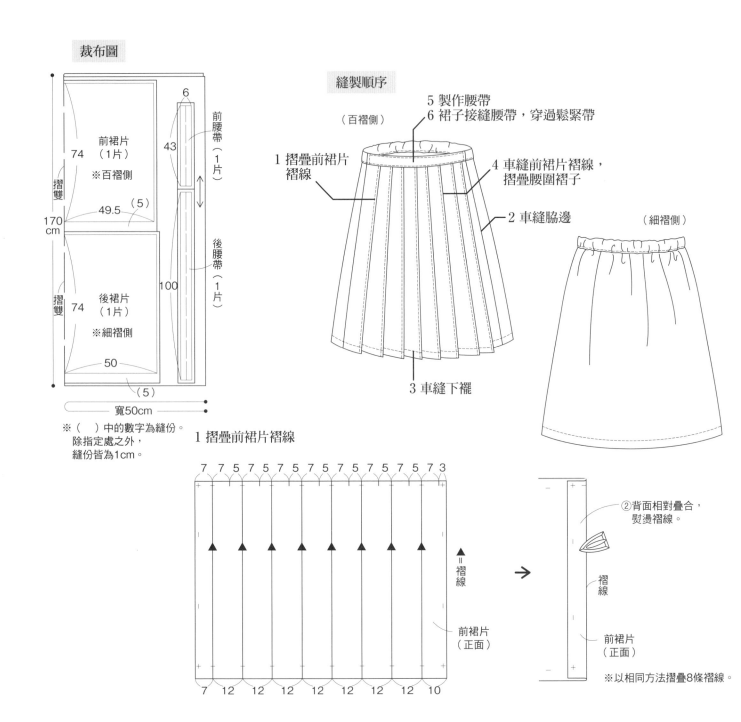

裁布圖

前裙片
（1片）
※百褶側

74

49.5　（5）

170
cm

後裙片
（1片）
※細褶側

74

50

（5）

寬50cm

6
43
100

前腰帶（1片）
後腰帶（1片）

摺雙
摺雙

※（ ）中的數字為縫份。
　除指定處之外，
　縫份皆為1cm。

縫製順序

（百褶側）

5 製作腰帶
6 裙子接縫腰帶，穿過鬆緊帶

1 摺疊前裙片褶線

4 車縫前裙片褶線，摺疊腰圍褶子

2 車縫脇邊

3 車縫下襬

（細褶側）

1 摺疊前裙片褶線

7 7 5 7 5 7 5 7 5 7 5 7 5 7 5 7 5 7 3

▲ ＝褶線

前裙片（正面）

7 12 12 12 12 12 12 12 10

②背面相對疊合，熨燙褶線。

褶線

前裙片（正面）

※以相同方法摺疊8條褶線。

2 車縫脇邊

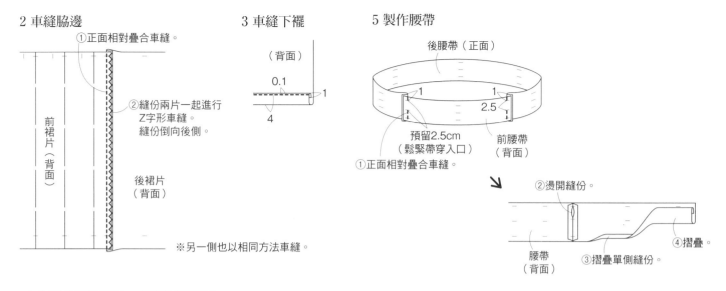

①正面相對疊合車縫。

②縫份兩片一起進行
Z字形車縫。
縫份倒向後側。

前裙片（背面）

後裙片（背面）

※另一側也以相同方法車縫。

3 車縫下襬

（背面）

0.1
4
1

5 製作腰帶

後腰帶（正面）

1   1
2.5

預留2.5cm
（鬆緊帶穿入口）

前腰帶（背面）

①正面相對疊合車縫。

②燙開縫份。

④摺疊

腰帶（背面）

③摺疊單側縫份。

4 車縫前裙片褶線，摺疊腰圍褶子

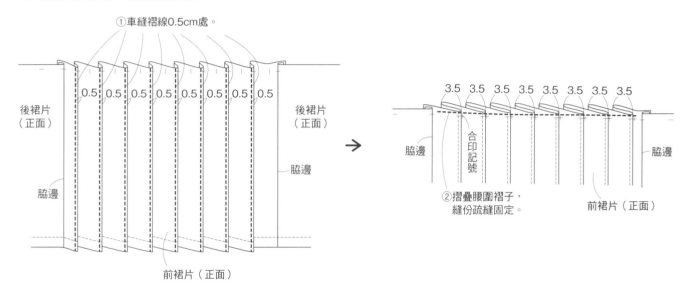

①車縫褶線0.5cm處。

0.5 0.5 0.5 0.5 0.5 0.5 0.5 0.5

後裙片（正面）

後裙片（正面）

脇邊

脇邊

前裙片（正面）

3.5 3.5 3.5 3.5 3.5 3.5 3.5 3.5

脇邊

合印記號

脇邊

②摺疊腰圍褶子，
縫份疏縫固定。

前裙片（正面）

6 裙子接縫腰帶，穿過鬆緊帶

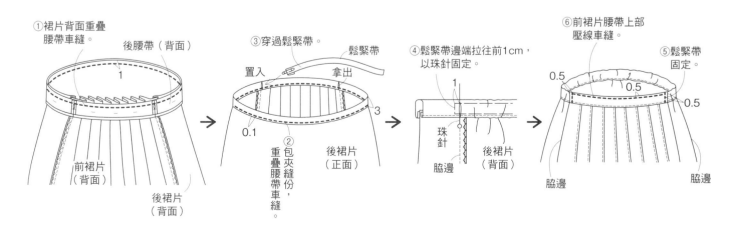

①裙片背面重疊
腰帶車縫。

後腰帶（背面）

1

前裙片（背面）

後裙片（背面）

③穿過鬆緊帶。

鬆緊帶

置入

拿出

0.1

②包夾縫份重疊腰帶車縫。

3

後裙片（正面）

④鬆緊帶邊端拉往前1cm，
以珠針固定。

1

珠針

脇邊

後裙片（背面）

⑥前裙片腰帶上部
壓線車縫。

⑤鬆緊帶固定。

0.5

0.5

0.5

脇邊

脇邊

細褶褲裙 ｛*Photo p.22*｝

● 完成尺寸（S／M／L／LL SIZE）
褲長　73／74cm

● 材料
棉質丹寧布（深藍色）…寬110cm×230cm
寬2.5cm鬆緊織帶…70cm（配合腰圍調節尺寸）

● 原寸紙型1面【8】
1-前後褲管
※請各自連接前後褲管
　合印記號。
● 原寸紙型1面【9】
共同口袋A

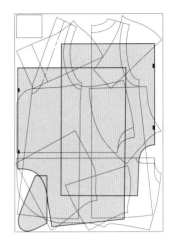

裁布圖

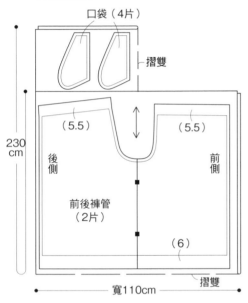

口袋（4片）

摺雙

230 cm

（5.5）　（5.5）

後側　前側

前後褲管
（2片）

（6）

摺雙

寬110cm

※（　）中的數字為縫份。
　除指定處之外，縫份皆為1cm。

縫製順序

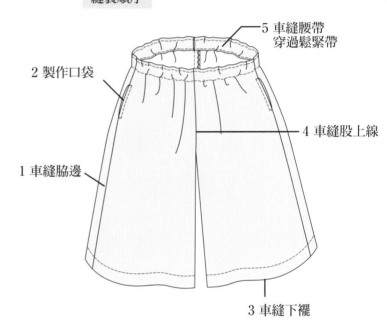

5 車縫腰帶
　穿過鬆緊帶

2 製作口袋

4 車縫股上線

1 車縫脇邊

3 車縫下襬

準備

腰線和下襬摺疊至完成線

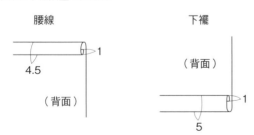

腰線

4.5

（背面）

1

下襬

（背面）

1

5

1 車縫脇邊

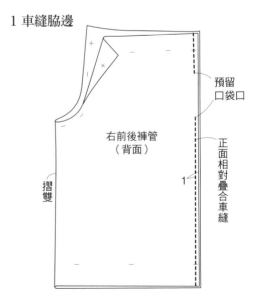

右前後褲管
（背面）

摺雙

1

預留
口袋口

正面相對疊合車縫

2 製作口袋

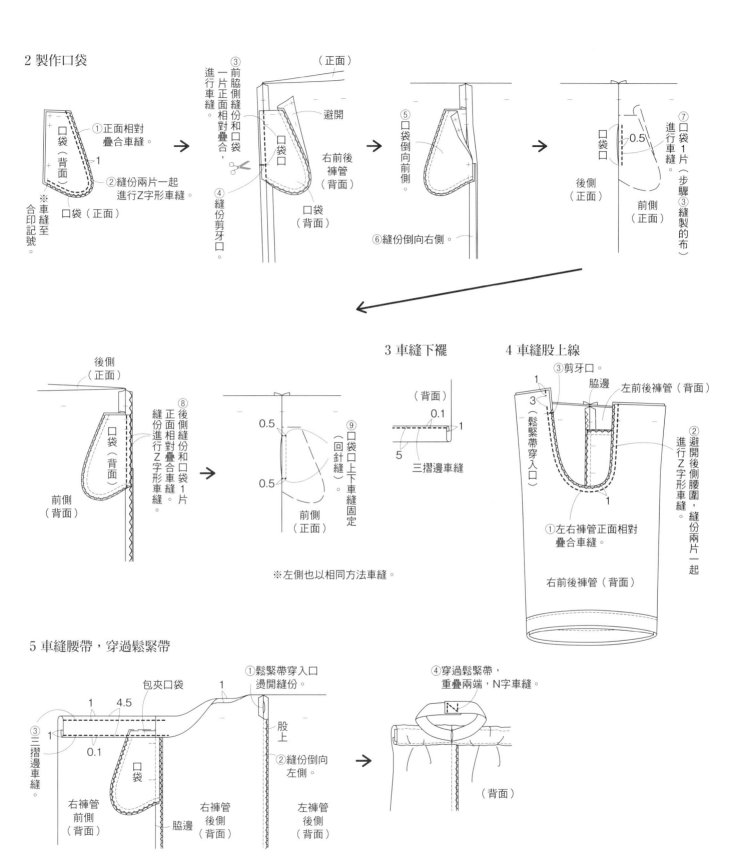

① 正面相對疊合車縫。

口袋（背面）
口袋（正面）

② 縫份兩片一起進行Z字形車縫。

※車縫至合印記號。

③ 前脇側縫縫份和口袋一片正面相對疊合，進行車縫。

（正面）
避開
右前後褲管（背面）
口袋口
口袋（背面）
④ 縫份剪牙口

⑤ 口袋倒向前側。
⑥ 縫份倒向右側。
後側（正面）

口袋口
前側（正面）
後側（正面）

⑦ 口袋1片（步驟③縫製的布）進行車縫。
0.5
口袋口
前側（正面）

⑧ 後側縫份和口袋1片正面相對疊合車縫。縫份進行Z字形車縫。

後側（正面）
口袋（背面）
前側（背面）

⑨ 口袋口上下車縫固定（回針縫）。
0.5
0.5
前側（正面）

※左側也以相同方法車縫。

3 車縫下襬

（背面）
0.1
1
5
三摺邊車縫

4 車縫股上線

③ 剪牙口。
脇邊
左前後褲管（背面）
1
3
（鬆緊帶穿入口）
② 避開後側腰圍，縫份兩片一起進行Z字形車縫。
① 左右褲管正面相對疊合車縫。
1
右前後褲管（背面）

5 車縫腰帶，穿過鬆緊帶

包夾口袋
1   4.5
1
0.1
③ 三摺邊車縫
口袋
右褲管前側（背面）
脇邊
右褲管後側（背面）

① 鬆緊帶穿入口燙開縫份。
股上
② 縫份倒向左側。
左褲管後側（背面）

④ 穿過鬆緊帶，重疊兩端，N字車縫。
N
（背面）

綁帶上衣 ⟨Photo p.24⟩

● 完成尺寸（S／M／L／LL SIZE）
衣長　061／62／64／65cm
胸圍　102／105／111／117cm

● 材料
條紋布（藍色）…寬150cm×180cm

● 原寸紙型2面【10】
1-前身片
2-後身片
3-袖子

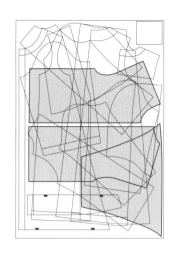

裁布圖

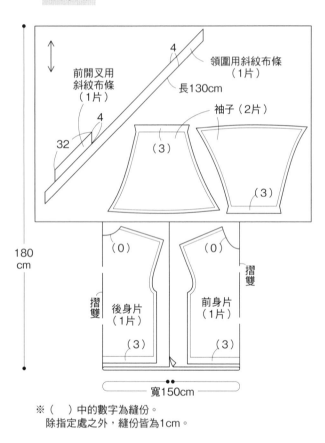

前開叉用
斜紋布條
（1片）

4

領圍用斜紋布條
（1片）

長130cm

32

4

袖子（2片）

（3）

（3）

（0）

（0）

摺雙

摺雙

後身片
（1片）

前身片
（1片）

（3）

（3）

180
cm

寬150cm

※（　）中的數字為縫份。
　除指定處之外，縫份皆為1cm。

縫製順序

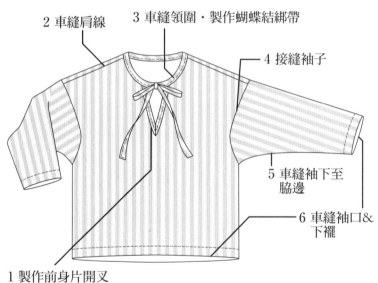

2 車縫肩線

3 車縫領圍・製作蝴蝶結綁帶

4 接縫袖子

5 車縫袖下至
脇邊

6 車縫袖口＆
下襬

1 製作前身片開叉

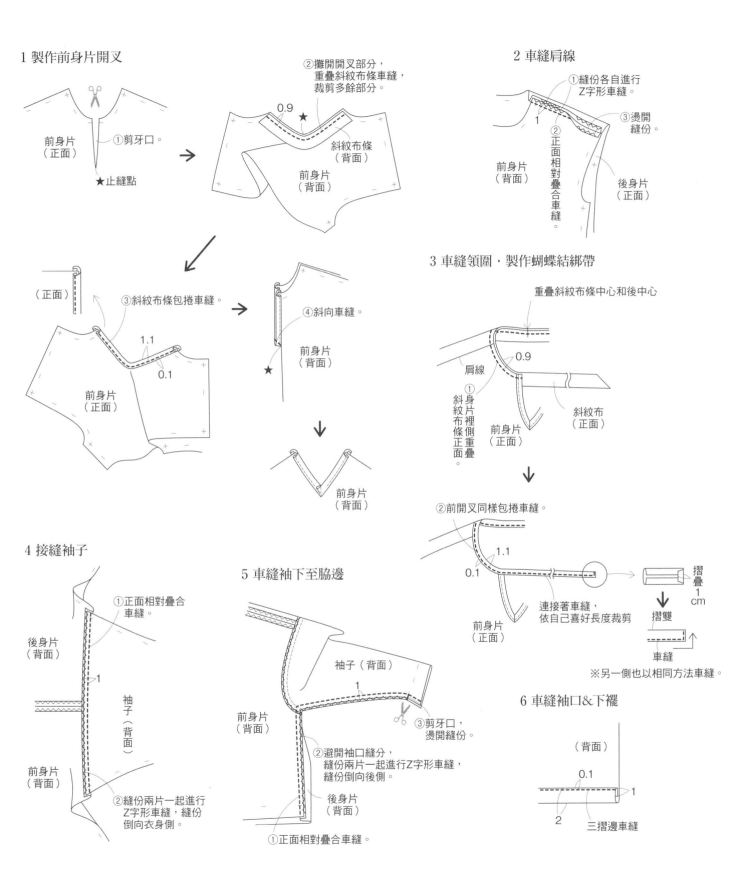

1 製作前身片開叉

前身片（正面）
①剪牙口。
★止縫點

②攤開開叉部分，
重疊斜紋布條車縫，
裁剪多餘部分。
0.9 ★
斜紋布條（背面）
前身片（背面）

（正面）
③斜紋布條包捲車縫。
1.1
0.1
前身片（正面）

④斜向車縫。
前身片（背面）
★

前身片（背面）

2 車縫肩線

①縫份各自進行Z字形車縫。
②正面相對疊合車縫。
1
③燙開縫份。
前身片（背面）
後身片（正面）

3 車縫領圍・製作蝴蝶結綁帶

重疊斜紋布條中心和後中心
肩線
0.9
①身片裡側重疊
斜紋布條正面
前身片（正面）
斜紋布（正面）

②前開叉同樣包捲車縫。
1.1
0.1
前身片（正面）
連接著車縫，依自己喜好長度裁剪
摺疊1cm
摺雙
車縫

※另一側也以相同方法車縫。

6 車縫袖口&下襬

（背面）
0.1
1
2
三摺邊車縫

4 接縫袖子

後身片（背面）
①正面相對疊合車縫。
1
袖子（背面）
前身片（背面）
②縫份兩片一起進行Z字形車縫，縫份倒向衣身側。

5 車縫袖下至脇邊

袖子（背面）
1
前身片（背面）
③剪牙口，燙開縫份。
②避開袖口縫分，縫份兩片一起進行Z字形車縫，縫份倒向後側。
後身片（背面）
①正面相對疊合車縫。

燈籠袖上衣 {Photo p.25}
寬鬆高領上衣 {Photo p.26}

● 完成尺寸（S／M／L／LL SIZE）
衣長　66／67／69／70cm
胸圍　92／95／101／107cm

● 材料
（燈籠袖）
雙面緹花針織布（灰色／黃色）
…寬150至160cm×150cm
（寬鬆高領）
棉天竺針織布（灰色）…寬150cm×150cm

● 原寸紙型2面
【11】燈籠袖
【12】寬鬆高領
1-前身片
2-後身片
3-袖子

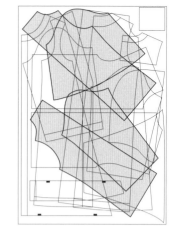

裁布圖

＜燈籠袖＞

雙面緹花針織布
（灰色／黃色）

摺雙

袖口布
（2片）
26
22
23
24
25

袖子
（2片）

150cm

（4）　　　（4）

後身片
（1片）

前身片
（1片）

摺雙

（2.5）　　　（2.5）

寬150至160cm

＜寬鬆高領＞

棉天竺針織布（灰色）

摺雙

袖子
（2片）

（2.5）

摺雙

150cm

（4）　　　（4）

後身片
（1片）

前身片
（1片）

（2.5）　　　（2.5）

寬150cm

※（　）中的數字為縫份。
　除指定處之外，縫份皆為1cm。

縫製順序

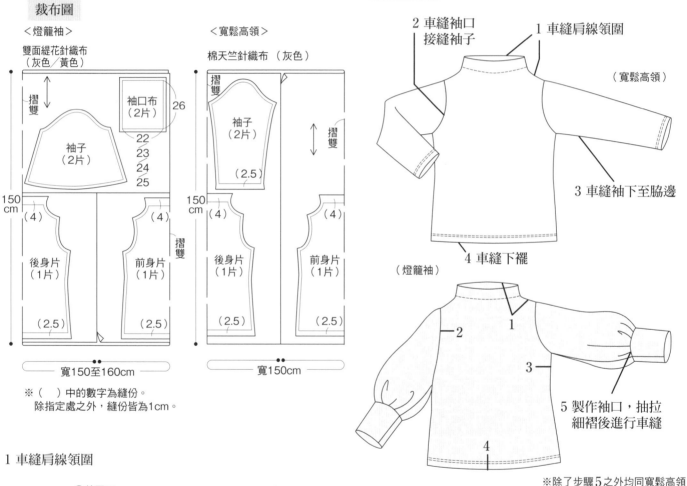

2 車縫袖口
接縫袖子

1 車縫肩線領圍

（寬鬆高領）

3 車縫袖下至脇邊

4 車縫下襬

（燈籠袖）

2

1

3

4

5 製作袖口，抽拉
細褶後進行車縫

※除了步驟5之外均同寬鬆高領

1 車縫肩線領圍

②剪牙口。

①正面相對
疊合車縫。
1

③從牙口至肩端
縫份，兩片一
起進行Z字形
車縫。

前身片
（背面）

後身片
（正面）

⑥Z字形車縫。

後身片（正面）

④燙開縫份。

⑤倒向後側。

前身片
（背面）

※另一側①至⑤
也以相同方法車縫。

3.5

⑦摺疊縫份
車縫。

4

（背面）

2 車縫袖口・接縫袖子

※只有高領款車縫袖口。

袖子（背面）

③正面相對疊合車縫。

後身片（背面）

1

袖子（背面）

前身片（背面）

④縫份兩片一起進行Z字形車縫。

2
2.5
1.5

①Z字形車縫。

②摺疊縫份，車縫兩條。

3 車縫袖下至脇邊

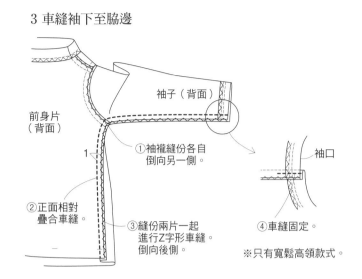

袖子（背面）

前身片（背面）

1

①袖襱縫份各自倒向另一側。

②正面相對疊合車縫。

③縫份兩片一起進行Z字形車縫。倒向後側。

袖口

④車縫固定。

※只有寬鬆高領款式。

4 車縫下襬

（背面）

2
2.5
1.5

①Z字形車縫。

②摺疊縫份，車縫兩條縫線。

5 製作袖口，抽拉細褶車縫（燈籠袖款式）

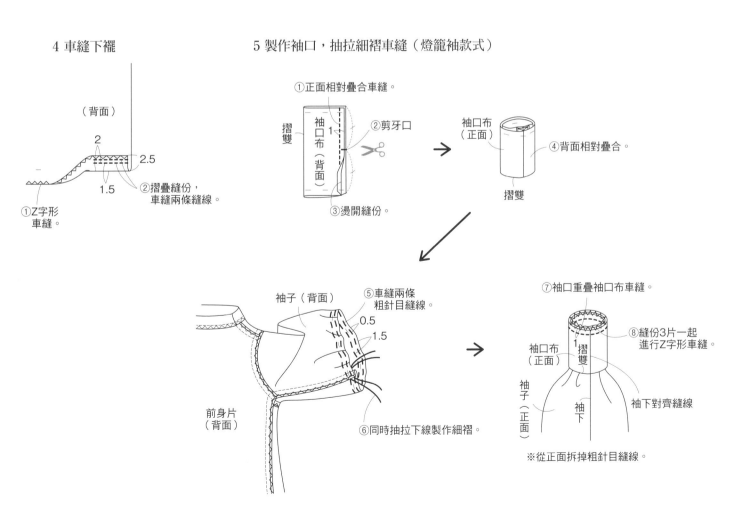

①正面相對疊合車縫。

摺雙

袖口布（背面）

1

②剪牙口

③燙開縫份。

袖口布（正面）

④背面相對疊合。

摺雙

袖子（背面）

⑤車縫兩條粗針目縫線。

0.5
1.5

前身片（背面）

⑥同時抽拉下線製作細褶。

⑦袖口重疊袖口布車縫。

1
摺雙

袖口布（正面）

袖子（正面）

袖下

⑧縫份3片一起進行Z字形車縫。

袖下對齊縫線

※從正面拆掉粗針目縫線。

傘狀連帽風衣 ｛ *Photo p.28* ｝

● 完成尺寸（S／M／L／LL SIZE）

衣長　102／105／111／112cm
胸圍　102／105／111／117cm

● 材料

寬幅棉質布…寬150cm×250cm
接著襯…50cm×120cm
直徑2.5cm鈕子…1顆
直徑1.5cm暗鈕…6個

● 原寸紙型2面【13】
1-前身片
※請連接前身片合印記號。
2-前貼邊
3-前端貼邊
4-後剪接片
5-後貼邊
6-後身片
7-袖子
8-帽子

● 原寸紙型3面【15】
共同口袋B

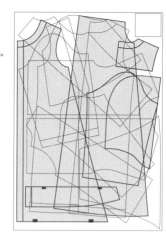

裁布圖

帽子（2片）　（1.5）（2.5）
袖子（2片）　（3）
（3）
後貼邊（1片）　（0）
口袋
前身片（2片）
前端貼邊（2片）
250cm　摺雙
後剪接片（1片）
前貼邊（2片）
後身片（1片）
（0）（0）
口袋（4片）
（3）
寬150cm

※（ ）中的數字為縫份。
　除指定處之外，縫份皆為1cm。
※在 ▨▨▨ 的背面貼上黏著襯。

縫製順序

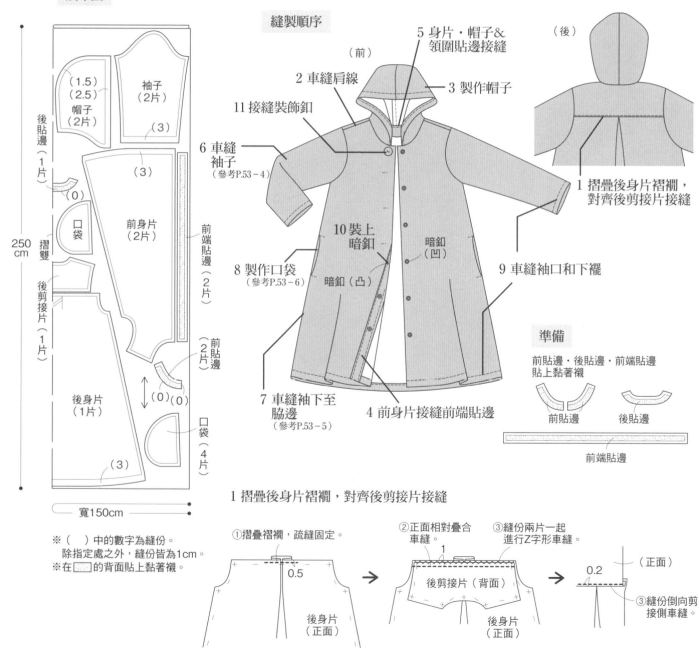

（前）
5 身片・帽子＆領圍貼邊接縫
2 車縫肩線
3 製作帽子
11 接縫裝飾鈕
6 車縫袖子（參考P.53－4）
10 裝上暗鈕
暗鈕（凹）
暗鈕（凸）
8 製作口袋（參考P.53－6）
9 車縫袖口和下襬
7 車縫袖下至脇邊（參考P.53－5）
4 前身片接縫前端貼邊

（後）
1 摺疊後身片褶襉，對齊後剪接片接縫

準備

前貼邊・後貼邊・前端貼邊貼上黏著襯

前貼邊　　後貼邊

前端貼邊

1 摺疊後身片褶襉，對齊後剪接片接縫

①摺疊褶襉，疏縫固定。
0.5
後身片（正面）

②正面相對疊合車縫。
1
後剪接片（背面）
後身片（正面）

③縫份兩片一起進行Z字形車縫。
0.2
（正面）
③縫份倒向剪接側車縫。

2 車縫肩線

後剪接片
（正面）

①縫分各自進行Z字形車縫。

1

③燙開縫份。

②正面相對疊合車縫。

前身片（背面）

3 製作帽子

①背面相對疊合車縫。

0.5

帽子（正面）

帽子（背面）

→

1

②正面相對疊合，車縫完成線。（袋縫）

（背面）

（正面）

→

帽子（正面）

0.1

1.5

1

③邊緣三摺邊車縫。

4 前身片接縫前端貼邊

①邊端摺疊1cm車縫。

1

0.5

前端貼邊（背面）

→

③縫分倒向貼邊側，進行車縫。

0.1

前端貼邊（正面）

1

前身片（正面）

②正面相對疊合車縫。

（正面）

1

1

④車縫完成線。

⑤裁剪多餘部分。

※左側也以相同方法車縫。

5 身片・帽子&領圍貼邊接縫

①正面相對疊合車縫肩線，燙開縫份。

後貼邊（背面）

前貼邊（背面）

②Z字形車縫。

→

④弧線剪牙口。

前身片（正面）

後貼邊（背面）

前身片（正面）

帽子（背面）

③貼邊上側對齊身片領圍，重疊帽子，車縫。

後身片（正面）

↙

帽子（背面）

領圍貼邊（正面）

0.1

前身片（正面）

⑤縫份倒向貼邊側車縫。

→

帽子（背面）

肩線

身片（背面）

⑥肩線縫份重疊貼邊車縫。

→

⑦前端貼邊翻至正面熨燙整理。

（背面）

下襬

2

1

9 車縫袖口&下襬

袖子（背面）

0.1

2

1

三摺邊車縫

前身片（背面）

0.1

2

1

三摺邊車縫

10 裝上暗釦

（右前身片）

①貼邊裝上暗釦。

②釦子中間車縫壓線1cm

凸

1

右前身片（背面）

（左前身片）

①裝上暗釦。

凹

左前身片（正面）

長版外套 ⟨ *Photo p.30* ⟩

● 完成尺寸（S／M／L／LL SIZE）
衣長　90／93／98／99cm
胸圍　91／94／100／106cm

● 材料
人造麂皮 B3D（金）…寬117cm×280cm
直徑2cm釦子…1顆

● 原寸紙型2面【14】
1-前身片
2-前貼邊
3-後身片
4-後貼邊
5-前下襬貼邊
6-後下襬貼邊
7-袖子
8-袖口貼邊

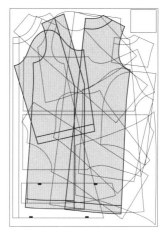

裁布圖

（0）
後貼邊（1片）
袖子（2片）
（0）
（0）
袖口貼邊（2片）
摺雙
（0）
前貼邊（2片）
前身片（2片）
（0）
前下襬貼邊（2片）
280cm
（0）
（0）
（0）（0）
（0）
後身片（1片）
綁繩（3片）
50
（0）
0.5　0.5
0.5
（0）
後下襬貼邊（1片）
寬117cm

※（　）中的數字為縫份。
　除指定處之外，縫份皆為1cm。

縫製順序

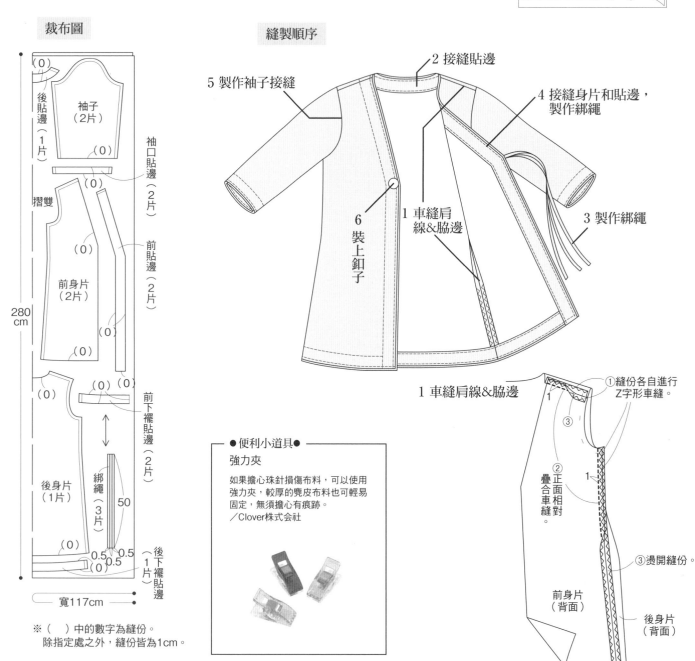

5 製作袖子接縫
2 接縫貼邊
4 接縫身片和貼邊，製作綁繩
6 裝上釦子
1 車縫肩線&脇邊
3 製作綁繩

● 便利小道具 ●
強力夾
如果擔心珠針損傷布料，可以使用強力夾，較厚的麂皮布料也可輕易固定，無須擔心有痕跡。
／Clover株式会社

1 車縫肩線&脇邊
1
①縫份各自進行Z字形車縫。
③
②疊合正面相對車縫。
1
③燙開縫份。
前身片（背面）
後身片（背面）

2 接縫貼邊

袖口貼邊
（背面）

1

正面相對疊合車縫，
燙開縫份

後下襬貼邊（正面）

前下襬貼邊（背面）

1

正面相對疊合車縫，
燙開縫份

後貼邊
（正面）

前貼邊
（背面）

1

3 製作綁繩

1

重疊3條綁繩車縫固定

綁繩

4 接縫身片和貼邊，製作綁繩

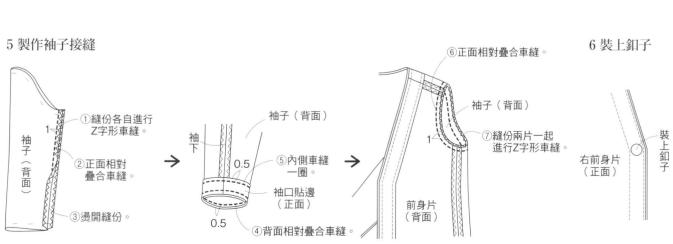

後身片
（背面）

前身片
（背面）

前身片
（背面）

脇邊

脇邊

0.5

0.5

0.5

②貼邊背面相對疊合車縫。
（從★開始車縫，
以外側至內側的順序
車縫一圈回到起點★）

綁繩重疊1cm車縫

前身片
（背面）

0.5

4.5
預留

※另一側也以
相同方法車縫。

①下襬貼邊背面相對
疊合車縫。

後下襬貼邊（正面）

★

5 製作袖子接縫

袖子
（背面）

1

①縫份各自進行
Z字形車縫。

②正面相對
疊合車縫。

③燙開縫份。

袖下

0.5

0.5

⑤內側車縫
一圈。

袖口貼邊
（正面）

④背面相對疊合車縫。

袖子（背面）

⑥正面相對疊合車縫。

袖子（背面）

1

⑦縫份兩片一起
進行Z字形車縫。

前身片
（背面）

6 裝上釦子

右前身片
（正面）

裝上釦子

圓領雙排釦外套
（短版・長版） ｛ Photo p.32・33 ｝

● 完成尺寸（S／M／L／LL SIZE）
長版衣長　89／92／98／99cm／短版衣長　56／57／59／60cm
胸圍　95／98／104／110cm

● 材料
（長版）
燈芯絨鋪棉布…寬110cm×280cm
寬2.6cm滾邊條…500cm
直徑1cm釦子…8組

（短版）
格紋羊毛布…寬150cm×130cm
寬2.6cm滾邊條…400cm
直徑2.5cm釦子…6顆
直徑1.3cm暗釦…6組

● 原寸紙型4面【22】
1-前身片
2-後身片
3-袖子

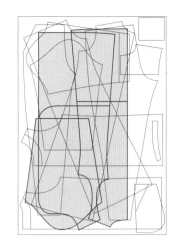

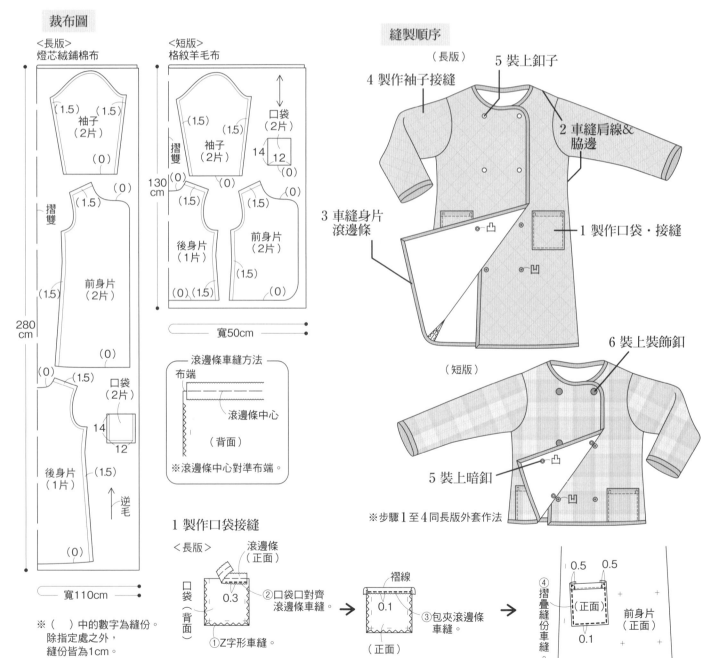

裁布圖

<長版>
燈芯絨鋪棉布

袖子（2片）　(1.5) (1.5) (0)

摺雙

前身片（2片）　(1.5)

(0)

(0) (1.5)

口袋（2片）　14　12

後身片（1片）　(1.5)

(0)

逆毛

280cm

寬110cm

<短版>
格紋羊毛布

袖子（2片）　(1.5) (1.5) (0) (0)

摺雙

口袋（2片）　14　12 (0)

後身片（1片）　(1.5) (0)

前身片（2片）　(0) (0) (1.5) (1.5)

130cm

寬50cm

滾邊條車縫方法
布端
滾邊條中心
（背面）
※滾邊條中心對準布端。

※（　）中的數字為縫份。
除指定處之外，
縫份皆為1cm。

縫製順序

（長版）
4 製作袖子接縫
5 裝上釦子
2 車縫肩線&脇邊
3 車縫身片滾邊條
1 製作口袋・接縫
⊙凸
⊙凹

（短版）
6 裝上裝飾釦
5 裝上暗釦
⊙凸
⊙凹
※步驟1至4同長版外套作法

1 製作口袋接縫
<長版>
滾邊條（正面）
口袋（背面）
0.3
②口袋口對齊滾邊條車縫。
①Z字形車縫。

摺線
0.1
③包夾滾邊條車縫。
（正面）

④摺疊縫份車縫。
0.5　0.5
（正面）
0.1
前身片（正面）

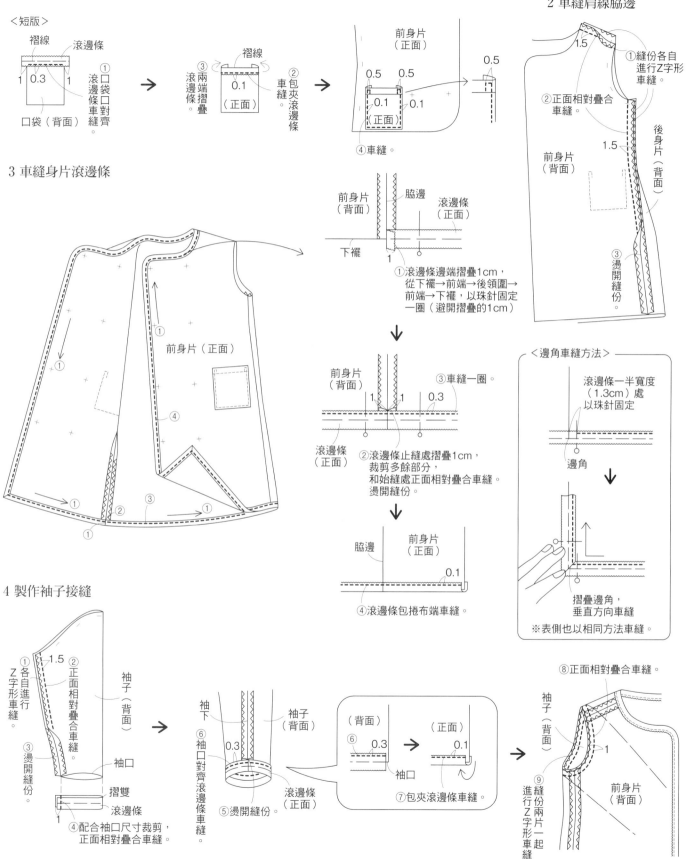

<短版>

褶線　滾邊條

1　0.3　1

口袋（背面）

①口袋口對齊滾邊條車縫。

③兩端摺疊滾邊條。　褶線　0.1（正面）　②包夾滾邊條車縫。

前身片（正面）

0.5　0.5

0.1　0.1（正面）

0.5

④車縫。

2　車縫肩線脇邊

1.5

①縫份各自進行Z字形車縫。

②正面相對疊合車縫。

前身片（背面）

後身片（背面）

1.5

③燙開縫份。

3　車縫身片滾邊條

前身片（正面）

①

①

①

④

②

③

①

①

前身片（背面）　脇邊　滾邊條（正面）

下襬

①滾邊條邊端摺疊1cm，從下襬→前端→後領圍→前端→下襬，以珠針固定一圈（避開摺疊的1cm）

前身片（背面）　③車縫一圈。

1　1　0.3

滾邊條（正面）

②滾邊條止縫處摺疊1cm，裁剪多餘部分，和始縫處正面相對疊合車縫。燙開縫份。

脇邊　前身片（正面）

0.1

④滾邊條包捲布端車縫。

<邊角車縫方法>

滾邊條一半寬度（1.3cm）處以珠針固定

邊角

摺疊邊角，垂直方向車縫

※表側也以相同方法車縫。

4　製作袖子接縫

①各自進行Z字形車縫。

1.5　②正面相對疊合車縫。

袖子（背面）

③燙開縫份。

袖口

摺雙　滾邊條　1

④配合袖口尺寸裁剪，正面相對疊合車縫。

袖下　袖子（背面）

0.3

⑤燙開縫份。　滾邊條（正面）

⑥袖口對齊滾邊條車縫。

（背面）0.3　→　（正面）0.1　袖口

⑦包夾滾邊條車縫。

⑧正面相對疊合車縫。

袖子（背面）

⑨縫份兩片一起進行Z字形車縫。

前身片（背面）

寬版上衣 ｛Photo p.27｝

● 完成尺寸（S／M／L／LL SIZE）
衣長　56／57／59／60cm
胸圍　127／130／136／142cm

● 材料
條紋天竺布（米色×奶黃色）…寬180cm×110cm
寬1cm止伸襯布條…130cm

● 原寸紙型3面【20】
1-前身片
2-後身片
3-袖子

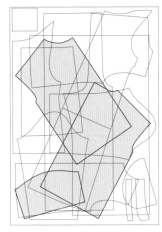

裁布圖

袖子
（2片）
（2.5）

摺雙

摺雙

（1.5）

110
cm

後身片
（1片）

前身片
（1片）

（2.5）

（1.5）

（2.5）

寬180cm

※（ ）中的數字為縫份。
　除指定處之外，縫份皆為1cm。
※在▨▨的背面貼上黏著襯。

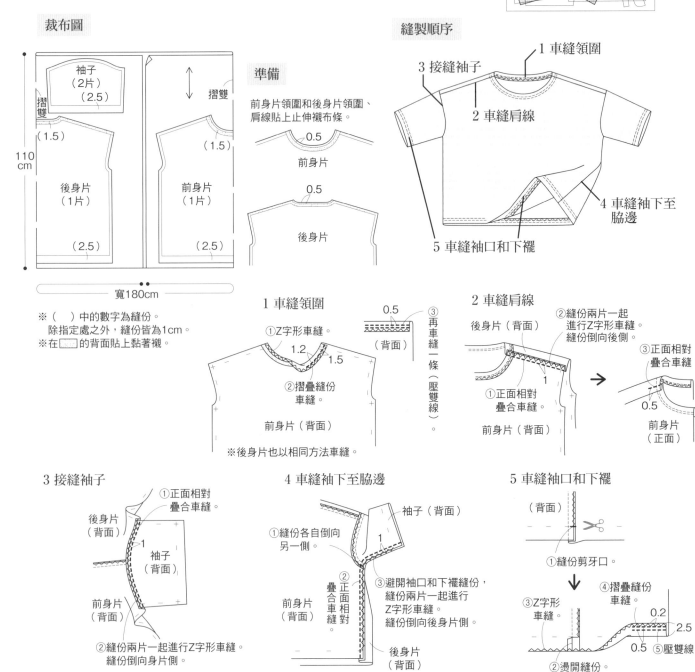

準備

前身片領圍和後身片領圍、
肩線上止伸襯布條。

0.5

前身片

0.5

後身片

縫製順序

1 車縫領圍
3 接縫袖子
2 車縫肩線
4 車縫袖下至脇邊
5 車縫袖口和下襬

1 車縫領圍

①Z字形車縫。
1.2
1.5
②摺疊縫份車縫。
前身片（背面）
※後身片也以相同方法車縫。

0.5
（背面）
③再車縫一條（壓雙線）。

2 車縫肩線

後身片（背面）
②縫份兩片一起進行Z字形車縫。縫份倒向後側。
①正面相對疊合車縫。
前身片（背面）
1
③正面相對疊合車縫。
0.5
前身片（正面）

3 接縫袖子

①正面相對疊合車縫。
後身片（背面）
袖子（背面）
1
前身片（背面）
②縫份兩片一起進行Z字形車縫。縫份倒向身片側。

4 車縫袖下至脇邊

①縫份各自倒向另一側。
袖子（背面）
1
前身片（背面）
②正面相對疊合車縫。
③避開袖口和下襬縫份，縫份兩片一起進行Z字形車縫。縫份倒向後身片側。
後身片（背面）

5 車縫袖口和下襬

（背面）
①縫份剪牙口。
③Z字形車縫。
②燙開縫份。
④摺疊縫份車縫。
0.2
2.5
0.5
⑤壓雙線

運動休閒服 {Photo p.34}

● 完成尺寸（S／M／L／LL SIZE）
（上衣）
衣長　68／69／71／72cm　胸圍　96／99／105／113cm
（褲子）
褲長　94／95.5／99.5／100.5cm

● 材料（S／M／L／LL SIZE）
伸縮布…寬135cm×280／280／300／300cm
條紋布…寬110cm×45cm
黏著襯…90cm×30cm
寬1cm止伸襯布條…90cm
寬2.5cm鬆緊帶…70cm（配合腰圍調節尺寸）

● 原寸紙型4面
【23】上衣
1-前身片
2-前貼邊
3-後身片
4-後貼邊
5-袖子
6-袖口貼邊
【24】褲子
1-前褲管
2-後褲管
3-袋布
4-襠布

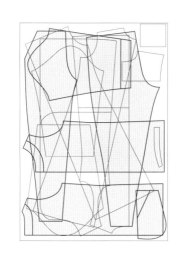

裁布圖

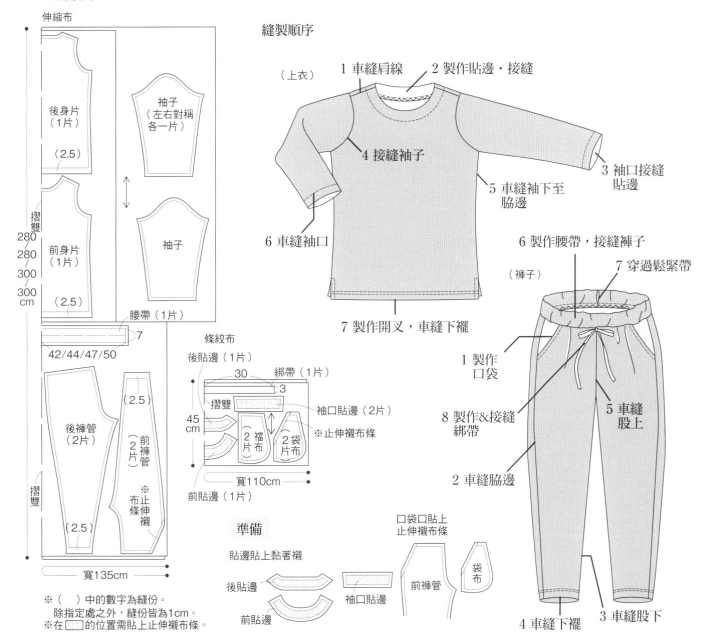

伸縮布

後身片（1片）（2.5）

袖子（左右對稱各一片）

摺雙

280 280 300 300 cm

前身片（1片）（2.5）

袖子

腰帶（1片）

7

42/44/47/50

後褲管（2片）（2.5）

前褲管（2片）（2.5）

摺雙

※布止條伸襯 (2.5)

寬135cm

條紋布

後貼邊（1片）

30　綁帶（1片）

摺雙　3

45 cm

襠布（2片）

袋片布（2片）

袖口貼邊（2片）

※止伸襯布條

寬110cm

前貼邊（1片）

※（ ）中的數字為縫份。
　除指定處之外，縫份皆為1cm。
※在 ☐ 的位置需貼上止伸襯布條。

縫製順序

（上衣）

1 車縫肩線　　2 製作貼邊・接縫

4 接縫袖子

3 袖口接縫貼邊

5 車縫袖下至脇邊

6 車縫袖口

7 製作開叉，車縫下襬

（褲子）

6 製作腰帶，接縫褲子

7 穿過鬆緊帶

1 製作口袋

8 製作&接縫綁帶

2 車縫脇邊

5 車縫股上

4 車縫下襬

3 車縫股下

準備

貼邊貼上黏著襯

後貼邊

前貼邊

袖口貼邊

口袋口貼上止伸襯布條

前褲管

袋布

75

<上衣>

1 車縫肩線

後身片
（正面）

②縫份兩片一起
進行Z字形車縫。
縫份倒向後身片側。

①正面相對
疊合車縫。

前身片
（背面）

2 製作貼邊接縫

後貼邊（正面）

①正面相對疊合車縫。

②燙開
縫份。

③Z字形車縫。

前貼邊（背面）

④正面相對疊合車縫。

⑤弧線
剪牙口。

前貼邊（背面）

前身片
（正面）

前貼邊（正面）

0.1

⑥縫份倒向
貼邊側。

前身片
（正面）

⑦貼邊翻至正面
熨燙整理。

身片
（背面）

⑧車縫
一圈

3 袖口接縫貼邊

袖口貼邊（背面）

①摺疊縫份。

袖子（正面）

袖口貼邊
（背面）

袖子（正面）

0.1

③縫份倒向
貼邊側車縫。

②正面相對疊合車縫。

4 接縫袖子

①正面相對疊合
車縫。

後身片
（背面）

袖子（背面）

前身片
（背面）

②縫份兩片一起
進行Z字形車縫。
倒向身片側。

5 車縫袖下至脇邊

④剪牙口。

袖子（背面）

預留2cm

①縫份各自倒向
另一側。

前身片
（背面）

②正面相對
疊合車縫

③剪牙口。

⑤縫份兩片一起
進行Z字形車縫。
縫份倒向後側。

後身片（背面）

止縫點

前身片
（背面）

④

止縫點

③燙開縫份。
進行Z字形車縫。

6 車縫袖口

①燙開縫份。

袖子（背面）

②摺疊
縫份。

袖口貼邊
（正面）

（背面）0.1

③袖口貼邊翻至正面車縫。

7 製作開叉，車縫下襬

前身片
（背面）

止縫點位置
回針縫

0.5

0.5

0.5

2.5

1.5

③摺疊縫份壓雙線。

①車縫開叉部分。

②Z字形車縫。

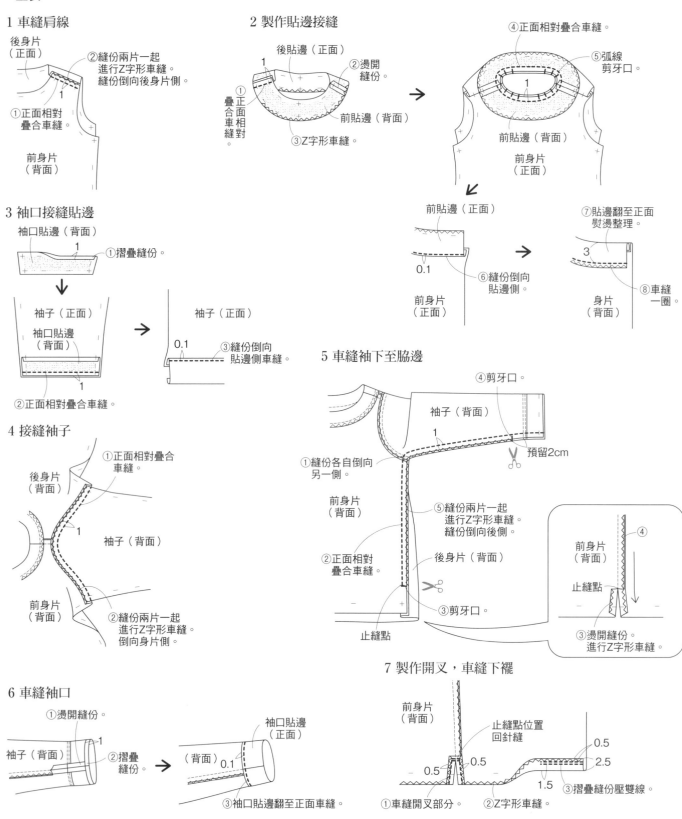

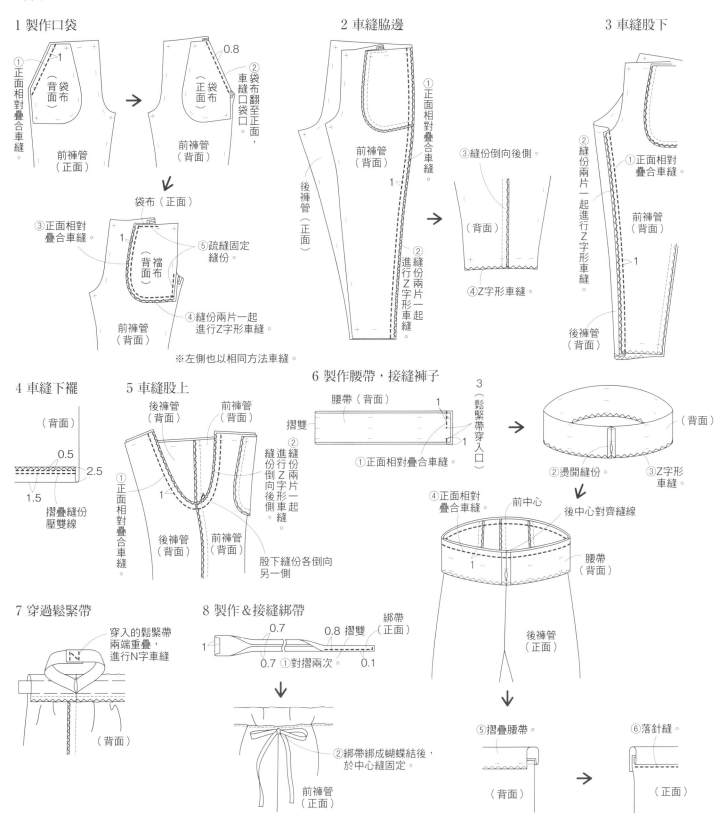

<褲子>

1 製作口袋

① 正面相對疊合車縫。
1
(背面) 袋布
前褲管（正面）

② 袋布翻至正面，車縫口袋口。
0.8
(正面) 袋布
前褲管（背面）

③ 正面相對疊合車縫。
1
袋布（正面）
(背面) 擋布
⑤ 疏縫固定縫份。
④ 縫份兩片一起進行Z字形車縫。
前褲管（背面）

2 車縫脇邊

① 正面相對疊合車縫。
前褲管（背面）
後褲管（正面）
1
② 進行Z字形車縫。

③ 縫份倒向後側。
(背面)
④ Z字形車縫。

3 車縫股下

② 縫份兩片一起進行Z字形車縫。
① 正面相對疊合車縫。
前褲管（背面）
1
後褲管（背面）

※左側也以相同方法車縫。

4 車縫下襬

(背面)
0.5
2.5
1.5
摺疊縫份壓雙線

5 車縫股上

後褲管（背面）
前褲管（背面）
① 正面相對疊合車縫。
1
② 縫份進行Z字形車縫。
② 縫份倒向後側。
後褲管（背面）
前褲管（背面）
股下縫份各倒向另一側

6 製作腰帶，接縫褲子

腰帶（背面）
1
摺雙
3（鬆緊帶穿入口）
1
① 正面相對疊合車縫。

② 燙開縫份。
(背面)
③ Z字形車縫。

④ 正面相對疊合車縫。
前中心
後中心對齊縫線
1
腰帶（背面）
後褲管（正面）

7 穿過鬆緊帶

穿入的鬆緊帶兩端重疊，進行N字車縫
(背面)

8 製作＆接縫綁帶

0.7
0.8 摺雙
綁帶（正面）
1
0.7 ① 對摺兩次。
0.1

② 綁帶綁成蝴蝶結後，於中心縫固定。
前褲管（正面）

⑤ 摺疊腰帶。
(背面)

⑥ 落針縫。
(正面)

輕盈托特包 {*Photo p.28*}

● 完成尺寸
寬38×長60×側幅14cm

● 材料
Tyvek…寬150cm×100cm
寬1cm棉織帶…250cm
暗鈕（凹）…90cm
暗鈕（凸）…17cm
皮革片…4片

裁布圖

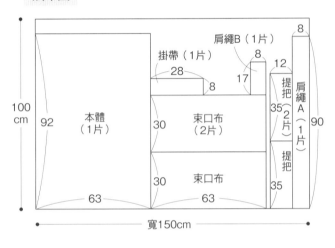

縫製順序

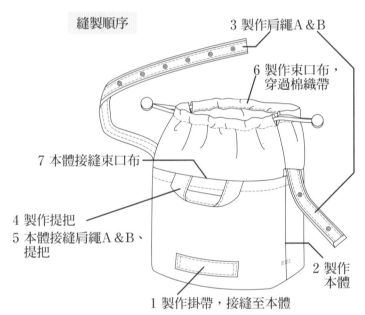

3 製作肩繩A＆B

6 製作束口布，
穿過棉織帶

7 本體接縫束口布

4 製作提把
5 本體接縫肩繩A＆B、
提把

1 製作掛帶，接縫至本體

2 製作本體

1 製作掛帶，接縫至本體

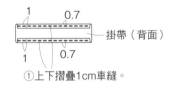

①上下摺疊1cm車縫。

↓

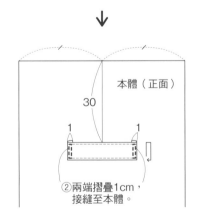

②兩端摺疊1cm，
接縫至本體。

2 製作本體

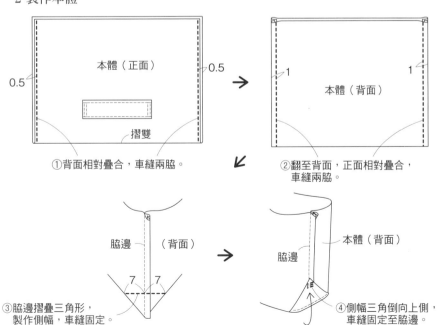

①背面相對疊合，車縫兩脇。

②翻至背面，正面相對疊合，
車縫兩脇。

↓

③脇邊摺疊三角形，
製作側幅，車縫固定。

④側幅三角倒向上側，
車縫固定至脇邊。

3 製作肩繩A&B

＜肩繩A＞

肩繩A（背面）
肩繩A（正面）

①較長側摺疊1cm。
摺雙
②對摺車縫。
（凹）
③重疊暗釦（凹）車縫。
④單側摺疊1cm車縫。
0.5
0.1
0.1
0.2
1
3

＜肩繩B＞

肩繩B（正面）

（凸）
①同肩繩A步驟製作，裝上暗釦（凸）。
④單側前側摺疊1cm車縫。
0.5
3
1

4 製作提把

提把（背面）

①較長側摺疊1cm。
摺雙
②對摺車縫。
1
1
0.2

※製作2條。

5 本體接縫肩繩A&B、提把

肩繩A倒向下側
脇邊
提把
中心
6 6 6 6 0.5
對齊各自車縫位置，疏縫固定
提把
織帶倒向上側
肩繩B
本體（正面）

6 製作束口布，穿過棉織帶

（正面）

★＝止縫點
預留7cm
束口布（背面）
預留7cm
1.5
1.5
①正面相對疊合，車縫兩脇。
（背面）
②燙開縫份。

③袋口三摺邊車縫。
3
1
0.1
（背面）
★

④棉織帶對半裁剪，各自穿過另一側。
（正面）
★

⑤以專用白膠固定，皮革片包夾棉織帶邊端，

＜棉織帶穿法＞
皮革片2片   皮革片2片

7 本體接縫束口布

①正面相對疊合車縫。
1
束口布（背面）
本體（正面）

束口布（正面）
②縫份倒向本體側。
本體（正面）

袋口
③束口布翻至內側。
3
④袋口車縫一週。

國家圖書館出版品預行編目(CIP)資料

今天就穿這一款！May Me的百搭大人手作服
（暢銷版）/伊藤みちよ著; 洪鈺惠譯.
-- 初版. – 新北市：雅書堂文化, 2022.06
　面；　公分. -- (Sewing縫紉家; 33)
ISBN 978-986-302-626-6 (平裝)

1.縫紉 2.衣飾 3.手工藝

426.3　　　　　　　　　　111004865

MayMe　伊藤みちよ

以「不受到流行左右，經得起時間考驗的簡單設計」為主軸，製作成人款式的服裝。洗練又時尚的作品受到廣大年齡層讀者的支持，另外製作方法簡單、可以輕鬆縫製屬於自己的款式，也是人氣不墜的原因之一。著有《自然簡約派的大人女子手作服：自己作超舒適又時尚的28款連身裙‧長版衫‧裙褲‧外套》、《簡單穿就好看！大人女子的生活感製衣書：25款日常實穿連身裙‧長版上衣.罩衫》（雅書堂出版）等。並擔任VOGUE學園講師。
【HP】http://www.mayme-style.com/
【FB】https://www.facebook.com/MayMe58

作品使用布料的購買資訊
P.4‧P.8作品使用的亞麻布「May Me洗練條紋布」，在VOGUE社網站てのこと販賣中。也可以選擇不同顏色布料，請參考以下網址購買。
https://www.tenokoto.com

![Sewing] 縫紉家 33

今天就穿這一款！
May Me的百搭大人手作服（暢銷版）

作　　者／伊藤みちよ
譯　　者／洪鈺惠
發 行 人／詹慶和
執行編輯／劉蕙寧
編　　輯／蔡毓玲‧黃璟安‧陳姿伶
執行美編／陳麗娜
美術編輯／周盈汝‧韓欣恬
內頁排版／造　極
出 版 者／雅書堂文化事業有限公司
發 行 者／雅書堂文化事業有限公司
郵撥帳號／18225950
戶　　名／雅書堂文化事業有限公司
地　　址／新北市板橋區板新路206號3樓
電　　話／(02)8952-4078
傳　　真／(02)8952-4084
網　　址／www.elegantbooks.com.tw
電子郵件／elegant.books@msa.hinet.net

2019年03月初版一刷
2022年06月二版一刷　定價 420 元

STAFF
書籍設計　後藤美奈子
攝影　　　白井由香里‧山本哲也（縫製步驟）
造型師　　シダテルミ
髮妝　　　梅沢優子
模特兒　　Dona（身高170cm／M尺寸）
作法解說　網田ようこ
紙型摹寫　加山明子
紙型放版　（有）セリオ
編輯協力　笠原愛子
編輯　　　浦崎朋子

攝影協力
‧AWABEES
東京都涉谷區千駄ヶ谷3-50-11明星大樓
‧UTUWA
東京都涉谷區千駄ヶ谷3-50-11明星大樓

MAY ME STYLE KYO NO OTONAFUKU（NV80563）
Copyright © Michiyo ITO／NIHON VOGUE-SHA 2017
All rights reserved.
Photographer: Yukari Shirai, Tetsuya Yamamoto
Original Japanese edition published in Japan by NIHON VOGUE Corp.
Traditional Chinese translation rights arranged with NIHON VOGUE Corp.
through Keio Cultural Enterprise Co., Ltd.
Traditional Chinese edition copyright © 2019 by Elegant Books Cultural
Enterprise Co., Ltd.

經銷／易可數位行銷股份有限公司
地址／新北市新店區寶橋路235巷6弄3號5樓
電話／(02)8911-0825
傳真／(02)8911-0801